JN041882

MAKISHIMA Kazuo

牧島一夫

著

目からウロコの
物理学
3

相対論

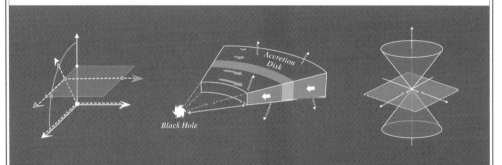

Eye-opening Tactics for Learning Physics 3:

Theory and Practice of Relativity

東京大学出版会

Eye-opening Tactics for Learning Physics 3:

Theory and Practice of Relativity

Kazuo MAKISHIMA

University of Tokyo Press, 2024
ISBN978-4-13-062626-2

はじめに

『目からウロコの物理学』は、ここに第3巻をもって完結する運びとなった。第3巻の内容は特殊相対論（第6章）で、当初は第2巻に含める予定だったが、全体的に分量が増えたため、第3巻としたものである。物理学の広大な学問体系には、ほかにも統計力学、物性論、流体・プラズマ物理学、原子核物理学、素粒子論、また特殊相対論の発展版である一般相対論など、多くの重要な分野が含まれる。しかし紙面の都合と私の力量不足のため、これらの多くは最終的に割愛するか、ごく限定的に触れるに留めざるを得なかった。

量子力学がそうであるように、相対論（相対性理論）についても、古今東西の優れた教科書が多数ある。そんな中、この第3巻を世に出す意義は、果たしてあるのだろうか。まして私は、宇宙の観測的研究に従事してきたとはいえ、相対論の専門家とはほど遠い。実際、第1-5章に比べ、この第6章の執筆には、とりわけ苦労が多く、自問自答を繰り返しながら、ずいぶんと時間を要した。したがってでき上がった結果は、相対論に造詣の深い諸兄諸姉から見れば、お世辞にも推奨に値するものとは言えないだろう。そうであっても本書では、素朴な疑問に蓋をせず、それらに向き合いながら進む形をとっており、結果として私自身が「そうだったのか！」と気づくことがたびたびだった。こうした「気づき」を追体験してもらうことは、若い読者の皆さんにとって、決して無駄ではなかろうと信じる次第である。またそうした「気づき」を追体験するには、1人で読むだけでなく、輪講などを通じ、追体験を他人と共有しつつ進めると、さらに効果的だと考えられる。

第2巻の第5章では、ニュートン力学と量子力学をつなげることを重視し、「量子力学だとニュートン力学と比べこんなに違った結果が導かれる」という見方は強調しなかった。つまり、いろいろな物理量を小さくしていっても、無限に小さくすることはできず、やがて不確定性原理が顔を出し、それに適合した基礎物理学として、量子力学に移行する、という流れを強調したつもりである。同様にこの第6章でも、多くの解説で強調される「相対論ではこんなに奇妙なことが起きる」というパラドックス的な側面は抑え気味にし、むしろ相対論とニュートン力学のつながりを重視した。すなわち、速度を無限に大きくすることはできず、やがて光速度という上限が見えてきて、それが一定であるという原理にのっとった相対論に、ニュートン力学が自然に移行する、という視点が基本となっている。それを示すた

め、随所で「つなぎ役」としてガリレイ変換に登場してもらい、ローレンツ変換と対比させている。また理解促進の一助として、第1・2巻と同様、図やグラフは概念的なものではなく、できる限り正確かつ定量的に描いたつもりである。

　（以下は第1・2巻に書いたことの繰り返しだが）第1・2巻を読んでいないと第3巻が理解できない、という形はなるべく避けたつもりだが、記述の理解を深め、物理学の統一性を示すため、限定的に第1・2巻の記述を引用する場合がある。これまでと同様、記号 ♣ は自分で計算してほしい部分で、いわば章末の演習問題を兼ねている。他方で記号 ♡ は、わからなければ教科書などで復習してほしい事項を示す。十分に注意を払ったつもりでも、数値の誤記、式変形や計算のミス、事実誤認、不正確な説明など、さまざまな不備や誤りが残っている可能性があり、他の資料と矛盾する記述があった場合は、本書が間違えている可能性が大である。そうでなくても、「こうすればずっと良い説明になるはず」というご意見も、多々あるかと思っている。これらの点について、読者からフィードバックをいただくことで、より良い書籍にしたい。判明した誤りは随時、オンラインにアップするので、https://www.utp.or.jp/で「書籍を探す」＞「詳細検索」で本書を探し、そこの正誤表を参照されたい。とくに「ここの記述は間違っているのでは？」と疑念が生じた場合、まずはオンライン正誤表を確認していただきたい。

目　次

第6章

相対論

　高校で学んだ音のドップラー[*1]効果では、音源と観測者の相対速度 v（近づく場合を正とする）が同じでも、音源が運動する場合は $f = f_0 (1 - v/s)^{-1}$、観測者が運動する場合は $f = f_0 (1 + v/s)$、という違いがあった。f_0 は音源の周波数、f は観測される周波数、s は音速である。というのも音波の伝播には空気という媒体が必要で、s はその空気に対し静止している「絶対静止系」で定義され、それに対して音源と観測者のどちらが運動しているかで、結果が異なるからである。同様に、宇宙には光を伝える仮想媒体「エーテル (aether, ether)」が充満し、それに対する「絶対静止系」があると考えるのが自然だった。マイケルソンとモーリー[*2] は 1880 年代、エーテル検出という壮大な実験に挑戦した結果、その存在の証拠を見出せなかった。目的は失敗だったが、得られた物理的意義は多大で、そこからアインシュタイン[*3]により「互いに等速直線運動する座標系は等価で絶対静止系はない」とする、特殊相対論（特殊相対性理論；special relativity）が創られた。さらに彼は、加速度運動する座標系や重力まで組み込んだ一般相対論（一般相対性理論；general relativity）も構築し、その基本方程式であるアインシュタイン方程式から、ブラックホール、ビッグバン宇宙論、重力波など、宇宙における本質的な概念が予言され、理論・観測・実験のすべてに多大な牽引力となってきた。

　さて、私は宇宙の観測を専門としながら、白状すると実は相対論が苦手である。

[*1]　Christian Andreas Doppler (1803-1853) はオーストリアの物理学者。

[*2]　Albert Abraham Michelson（1852-1931; 1907 年にノーベル賞を受賞）と Edward Williams Morley (1838-1923) は、ともに米国の実験物理学者。彼らの光学干渉計は、マイケルソン干渉計として改良が重ねられ、それを用いて人類は 2015 年、アインシュタイン方程式の予言する重力波の検出に成功した。またこの原理を用いた電波干渉計で、ブラックホールの撮像に成功した。

[*3]　Albert Einstein (1879-1955) はドイツ生まれの物理学者で、1940 年に米国籍を取得。特殊相対論、一般相対論、光量子仮説（その功績で 1921 年にノーベル賞）、ボース・アインシュタイン分布など、現代物理学への功績は計り知れない。

その理由の底にあったのは、ベクトルやテンソルの「共変・反変」という概念が、いまひとつ理解できていなかったためである。そこで本章を執筆するにあたり、初心に戻りその部分を根本から攻略してみた。その結果はきっと多くの人に役立ててもらえるだろう。ただし本書では一般相対論に本格的には踏み込まない*4。

6.1 共変ベクトルと反変ベクトル

相対論をわかりにくくしている原因の 1 つに、上述した「共変ベクトル」と「反変ベクトル」という概念がありそうだ。その詳細な説明は追って述べるとし、ここでは「座標変換に伴い、成分が座標と同じ変換を受けるなら反変ベクトル、成分が座標の逆変換に従って変換されるなら共変ベクトル」という定義を学習ずみと仮定する。ただしこの定義だけでは、なかなか理解が難しく、素朴に考えると以下のような疑問に突き当たる。この節では、これら 3 つの疑問に答えたい。

Q1 共変ベクトルと反変ベクトルという概念は、3 次元デカルト座標系で定義された通常のベクトル場にも適応できるはずである。ところが通常の電磁気学では、共変と反変を意識する必要がなく、相対論が出たとたん、その違いが問題になる。これはなぜだろう？

Q2 なぜ座標変換と同じ形式で成分が変換されるものが「反変」で、座標の逆変換により変換されるものが「共変」なのだろう。大学の学部時代にある級友が、「なんだか共変と反変という呼び名が、直感的には逆のように思えるよなあ」とつぶやいたことが、忘れられない。私も同感であった。

Q3 反変ベクトルと共変ベクトルの例として 速度ベクトルと gradient ベクトルがよく使われる。では物理量ごとに共変か反変か決まっているのか？ それにしては相対論で、同じベクトル場を共変と反変の間で変換できる。とすると「共変成分」と「反変成分」という成分表示が異なるだけなのか？

6.1.1 斜交座標の世界

座標系の分類

ここでは手始めに図 6.1 のように、座標系の分類を概観しよう。最も単純明快な座標系は (a) のデカルト座標系*5 で、それは直交直線座標系とも称されるように、

---

*4 優れた教科書として佐藤勝彦『相対性理論』（岩波書店、基礎物理シリーズ、1996）がある。
*5 フランスの哲学者・思想家・数学者ルネ・デカルト (René Descartes, 1596-1650) が導入した。

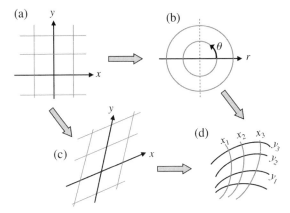

図 **6.1** 2 次元の座標系の分類。(a) デカルト座標系（直交直線座標系）。(b) 極座標系。(c) 斜交直線座標系。(d) より一般的な場合で、2 次元ユークリッド平面上になくてもかまわない。リーマン幾何学となる。

1. 座標軸どうしが、互いに直交する。
2. 座標値が一定という軌跡や、座標軸が、いずれも直線である。

という 2 つの性質を満たす[*6]。次に、図 6.1(b) の 2 次元極座標系や 3 次元の円筒座標系、3 次元の球座標系などは、第 1 の性質は満たすが第 2 の性質は満たさない。他方、(c) の斜交座標系（より厳密には斜交直線座標系）は逆に、第 2 の性質は満たすが第 1 の性質を満たさない。そして 2 つの性質がどちらも成り立たないと、(d) のように、一般相対論の道具立てであるリーマン[*7]幾何学に行き着く。徐々に明らかになるように、条件 1 を満たす座標系を考える限り、「反変」と「共変」の違いを意識する必要はなく、斜交座標になったときはじめてその区別が重要となる[*8]。これが [Q1] の答であり、それに到達するため、斜交座標系の理解から始めよう。

[*6] 「長さ」や「角度」が定義できるためには、座標系が、より高次のユークリッド空間に埋め込まれていることを、暗黙の了解としている。ユークリッド（Euclid; エウクレイデス）は紀元前 3 世紀、エジプトにいたギリシャ系の数学者で、「ユークリッド原論」などの著作を通じ、幾何学の基礎を築いた。驚くべきことに、私たちが学んだ幾何学の原型が、その頃すでに完成されていた。

[*7] Georg Friedrich Bernhard Riemann (1826-1866) はドイツの数学者。ガウスの下で学位を取得した後、幾何学、数論などで大きな功績をあげたが、結核により 39 歳の若さで生涯を閉じた。

[*8] 第 1 巻の図 1.9 や、それに付随した計算が煩雑だったのは、z 軸と X_3 軸が斜交するためであり、そこでは実は $\vec{\omega}$ の反変成分や共変成分が登場していた。

準備運動：直交座標系の回転

斜交座標系を考えるための準備運動として、2 次元デカルト座標系の回転を復習する。座標系 (x, y) に対し、原点を共通に保ち、座標軸を反時計回りに θ だけ回転した直交座標系 (x', y') を考えると、

$$\begin{pmatrix} x' \\ y' \end{pmatrix} = \begin{pmatrix} \cos\theta & \sin\theta \\ -\sin\theta & \cos\theta \end{pmatrix} \begin{pmatrix} x \\ y \end{pmatrix} \tag{6.1}$$

という変換が成り立つ。速度ベクトルの変換も式 (6.1) と同じになる ♣。その逆変換は θ の符号を変えればよく、

$$\begin{pmatrix} x \\ y \end{pmatrix} = \begin{pmatrix} \cos\theta & -\sin\theta \\ \sin\theta & \cos\theta \end{pmatrix} \begin{pmatrix} x' \\ y' \end{pmatrix} \tag{6.2}$$

である ♡。他方、スカラー関数 $f(x, y)$ の gradient を求めると、式 (6.2) より

$$\frac{\partial f}{\partial x'} = \frac{\partial f}{\partial x}\frac{\partial x}{\partial x'} + \frac{\partial f}{\partial y}\frac{\partial y}{\partial x'} = \frac{\partial f}{\partial x}\cos\theta + \frac{\partial f}{\partial y}\sin\theta$$

$$\frac{\partial f}{\partial y'} = \frac{\partial f}{\partial x}\frac{\partial x}{\partial y'} + \frac{\partial f}{\partial y}\frac{\partial y}{\partial y'} = -\frac{\partial f}{\partial x}\sin\theta + \frac{\partial f}{\partial y}\cos\theta$$

となる。これを行列形式で書くと、

$$\begin{pmatrix} \partial f/\partial x' \\ \partial f/\partial y' \end{pmatrix} = \begin{pmatrix} \cos\theta & \sin\theta \\ -\sin\theta & \cos\theta \end{pmatrix} \begin{pmatrix} \partial f/\partial x \\ \partial f/\partial y \end{pmatrix} \tag{6.3}$$

となり、速度ベクトルの場合と同じ変換になる…あれ、おかしいな。[Q3] で触れたように gradient ベクトルは共変ベクトルだから、式 (6.1) の順変換ではなく、式 (6.2) の逆変換で表されるはずなのに、そうなっていない。どこで間違ったのだろう。準備運動で早くも筋肉痛を起こしてしまった感があるが、この問題はしばらく棚上げにして先に進む。

斜交座標系の幾何学

斜交座標系 (oblique coordinate system) の最も簡単な例として、図 6.2(a) のように、2 次元のデカルト座標系 (ξ, η) から出発し、η 軸のみを傾けて y 軸とした斜交座標系を (x, y) としよう。ξ 軸は動かしていないが、以下でわかるように、ξ 座標と x 座標は区別しないといけない。というのも **座標軸が一致することと、その軸が受け持つ座標の値が一致すること**は、**違う概念**であり、ここに斜交座標に伴う

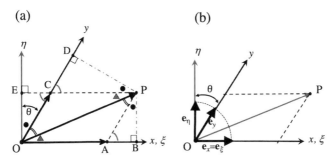

図 **6.2** (a) 2 次元の直交座標系 (ξ, η) と斜交座標系 (x, y) の関係。両者は原点を共有し、ξ 軸と x 軸は一致するが、η 軸と y 軸は角度 θ だけ傾いている。(b) 同じ斜交座標系に、長さ 1 の基底ベクトル $\mathbf{e}_\xi = \mathbf{e}_x$、$\mathbf{e}_\eta$、および $\mathbf{e}_y$ を図示したもの。

「双対性」の根っこが潜んでいるからである。P を任意の点とし、A から E までの点を図 6.2(a) のように選ぶと、図形 OAPC は平行四辺形で、BP⊥ x 軸、DP⊥ y 軸、および EP⊥ η 軸である。

　点 P の位置ベクトル $\vec{P} = \overrightarrow{OP}$ に対し、その ξ 成分は $\overrightarrow{OB}$、η 成分は $\overrightarrow{OE}$ だが、「斜交座標系 (x, y) で $\vec{P}$ の成分を求めよ」と問われたら、2 つの考え方を思いつくだろう。1 つはベクトルの平行四辺形の合成則により $\vec{P} = \overrightarrow{OA} + \overrightarrow{OC}$ だから、$\overrightarrow{OA}$ と $\overrightarrow{OC}$ が、$\vec{P}$ の x 成分と y 成分だとする考えで、他方は $\vec{P}$ を x 軸および y 軸に射影した $\overrightarrow{OB}$ と $\overrightarrow{OD}$ をもって、$\vec{P}$ の x および y 成分とする考え方である。双方とも一理ある考え方だが、結果は明らかに異なる。このように斜交座標系だと、成分を定義するさい二重性（双対性）が発生し、それが「反変」と「共変」の起源になる。ここでは前者が「反変成分 (contravariant components)」、後者が「共変成分 (covariant components)」である。

　ベクトルの長さ $|\vec{P}|$ を考えると、図から直観できるように、$|\overrightarrow{OA}|^2 + |\overrightarrow{OC}|^2 < |\vec{P}|^2 < |\overrightarrow{OB}|^2 + |\overrightarrow{OD}|^2$ なので♠、反変成分と共変成分のどちらを用いるにせよ、斜交座標系では、成分の 2 乗和はベクトルの長さの 2 乗に一致しない。こうした場合は三平方の定理の代わりに、それを一般化した余弦定理♡を用いねばならず、その結果として、反変成分と共変成分を組み合わせると、

$$|\vec{P}|^2 = OA \cdot OB + OC \cdot OD \tag{6.4}$$

という重要な関係が成り立つのである。ここでベクトル $\overrightarrow{OA}$ の長さを単に OA などと書いた。このことを中学・高校で習った幾何学で証明しよう。y 軸が η 軸となす角を θ（図で黒丸をつけた角）、その余角を $\alpha \equiv \pi/2 - \theta = \angle OCE = \angle PAB$ と書け

ば、$\angle\text{OAP} = \pi - \alpha = \pi/2 + \theta$ だから、$\cos(\angle\text{OAP}) = \cos(\pi/2 + \theta) = -\sin\theta$ である。この準備のもと $\triangle\,\text{OAP}$ に余弦定理を適用すると、

$$\begin{aligned}
\text{OP}^2 &= \text{OA}^2 + \text{AP}^2 - 2\text{OA}\cdot\text{AP}\cos(\angle\text{OAP}) = \text{OA}^2 + \text{AP}^2 + 2\text{OA}\cdot\text{AP}\sin\theta \\
&= \text{OA}\cdot(\text{OA} + \text{AP}\sin\theta) + \text{AP}\cdot(\text{AP} + \text{OA}\sin\theta) \\
&= \text{OA}\cdot(\text{OA} + \text{AB}) + \text{OC}\cdot(\text{OC} + \text{CP}\sin\theta) \\
&= \text{OA}\cdot(\text{OA} + \text{AB}) + \text{OC}\cdot(\text{OC} + \text{CD}) = \text{OA}\cdot\text{OB} + \text{OC}\cdot\text{OD}
\end{aligned}$$

となり、式 (6.4) が証明された。途中 AP=OC および OA=CP を用いた。

　この §6.1 では，式 (6.4) を複数の方法で証明するのだが、最初にこの幾何学的な手法を選んだのは、座標系や座標変換を用いず、この重要な関係を証明したかったからである。幾何学の「チエの輪」的な面白さも思い出してくれたと思う。

6.1.2　斜交座標系の座標変換

　同じ図 6.2(a) を、今度は座標変換の立場で考察しよう。引き続き、ベクトルの長さやベクトル間の角度は、どちらの座標系で見ても同じとする。(ξ,η) 系と (x,y) 系で見た点 P の座標を、(P^ξ, P^η) および (P^x, P^y) と書けば[*9]、P^η は点 E の η 座標に一致し、P^y は点 C の y 座標に一致するから、$P^\eta = \text{OE} = \text{OC}\cos\theta = P^y\cos\theta$ である。同様に、点 A と点 P は同じ x 座標をもち、点 B と点 P は同じ ξ 座標をもつので、$P^x = \text{OA} = \text{OB} - \text{AB} = P^\xi - P^\eta\tan\theta$ である。点 P の位置は任意だから、記号 P を外し、P^x を x、P^η を η など、流通座標として書けば、(ξ,η) から (x,y) への座標の変換式として

$$x = \xi - \eta\tan\theta \ ; \quad y - \eta/\cos\theta \tag{6.5}$$

が得られる。y が ξ に依存しないのは、$y = $ 一定 の直線がつねに ξ 軸（および x 軸）に平行だからである。これらを ξ と η について解けば、逆変換として

$$\xi = x + y\sin\theta \ ; \quad \eta = y\cos\theta \tag{6.6}$$

が得られる♣。行列表示にすれば、

[*9]　これらの座標は定義により、反変ベクトルである。また P^x は座標の値であり「P の x 乗」ではない。添字を上付きにする理由は、徐々にわかる。

$$\begin{pmatrix} x \\ y \end{pmatrix} = \begin{pmatrix} 1 & -\tan\theta \\ 0 & 1/\cos\theta \end{pmatrix} \begin{pmatrix} \xi \\ \eta \end{pmatrix} \ ; \ \begin{pmatrix} \xi \\ \eta \end{pmatrix} = \begin{pmatrix} 1 & \sin\theta \\ 0 & \cos\theta \end{pmatrix} \begin{pmatrix} x \\ y \end{pmatrix} \tag{6.7}$$

と書ける。よって順変換の行列 $\mathcal{T}$ および逆変換の行列 $\mathcal{T}^{-1}$ は

$$\mathcal{T} = \begin{pmatrix} 1 & -\tan\theta \\ 0 & 1/\cos\theta \end{pmatrix} \ ; \ \mathcal{T}^{-1} = \begin{pmatrix} 1 & \sin\theta \\ 0 & \cos\theta \end{pmatrix} \tag{6.8}$$

である。$\mathcal{T}\mathcal{T}^{-1}$ と $\mathcal{T}^{-1}\mathcal{T}$ がともに単位行列になることもすぐ確かめられる♣。

　座標変換の式を用い、今度は式 (6.4) を代数的に証明しよう。再び P を明示的に書くと、長さ OA は P^x、OB は P^ξ であり、前者を式 (6.5) で書き直すと、

$$\text{OA} \cdot \text{OB} = P^x P^\xi = (P^\xi - P^\eta \tan\theta) \cdot P^\xi = (P^\xi)^2 - P^\xi P^\eta \tan\theta$$

である。他方、長さ OC は P^y だから、式 (6.5) より $OC = P^y = P^\eta/\cos\theta$ となる。最後に長さ OD はその定義からして、y 軸方向を表す長さ 1 の基底ベクトル $\mathbf{e}_y$ に対する $\overrightarrow{\text{OP}}$ の射影であった。直交座標系 (ξ,η) では $\mathbf{e}_y = (\sin\theta, \cos\theta)$ である[*10]。以上のことから、$OD = \overrightarrow{\text{OP}} \cdot \mathbf{e}_y = P^\xi \sin\theta + P^\eta \cos\theta$ となり、

$$\text{OC} \cdot \text{OD} = P^\eta/\cos\theta \times (P^\xi \sin\theta + P^\eta \cos\theta) = P^\xi P^\eta \tan\theta + (P^\eta)^2$$

が導かれる。これら 2 式より

$$\text{OA} \cdot \text{OB} + \text{OC} \cdot \text{OD} = (P^\xi)^2 + (P^\eta)^2 = \text{OP}^2$$

が得られ、式 (6.4) が改めて証明された。ここでの計算で、二平方の定理などは、すべて直交座標系 (ξ,η) で行っていることに注意されたい。

斜交座標系での gradient ベクトル

　斜交座標系で座標変換と逆変換の表式が得られたので、ここで確認しておきたいことがある。それは gradient ベクトルの成分が、本当に座標の逆変換と同じ変換性をもつかどうかであり、そこに関しては準備運動で問題が残ったままだった。そこで図 6.2(a) において、先に直交座標の回転で行ったのと同じ計算を、式 (6.6) を用いて行うと、$f(\vec{r})$ を任意のスカラー関数として、

[*10]　角度 ϕ をなす 2 つのベクトル $\vec{A}$ と $\vec{B}$ の内積は、座標系によらず、$\vec{A} \cdot \vec{B} = |\vec{A}||\vec{B}|\cos\phi$ である。

$$\frac{\partial f}{\partial x} = \frac{\partial f}{\partial \xi}\frac{\partial \xi}{\partial x} + \frac{\partial f}{\partial \eta}\frac{\partial \eta}{\partial x} = \frac{\partial f}{\partial \xi}$$

$$\frac{\partial f}{\partial y} = \frac{\partial f}{\partial \xi}\frac{\partial \xi}{\partial y} + \frac{\partial f}{\partial \eta}\frac{\partial \eta}{\partial y} = \frac{\partial f}{\partial \xi}\sin\theta + \frac{\partial f}{\partial \eta}\cos\theta$$

が得られ、行列表示では

$$\begin{pmatrix} \partial f/\partial x \\ \partial f/\partial y \end{pmatrix} = \begin{pmatrix} 1 & 0 \\ \sin\theta & \cos\theta \end{pmatrix}\begin{pmatrix} \partial f/\partial \xi \\ \partial f/\partial \eta \end{pmatrix}$$

となる。これを式 (6.8) の行列と見比べると、現れた行列は $\mathcal{T}^{-1}$ ではなく、その随伴行列（エルミート共役；転置し複素共役をとったもの）$(\mathcal{T}^{-1})^\dagger$ になっている。

なるほど、そうだったのか！ 座標という反変ベクトルを縦ベクトル（列ベクトル）として成分表示したなら、共変ベクトルである gradient は横ベクトル（行ベクトル）として成分表示すべきだったのだ[11]。その立場に立てば、

$$(\partial f/\partial x, \partial f/\partial y) = (\partial f/\partial \xi, \partial f/\partial \eta)\begin{pmatrix} 1 & \sin\theta \\ 0 & \cos\theta \end{pmatrix} \tag{6.9}$$

となり、確かに逆行列 $\mathcal{T}^{-1}$ が現れた。こうして gradient ベクトルの変換が、横ベクトルに後から逆変換行列を掛ける形になるのに対し、位置ベクトルの変換は式 (6.7) のように、縦ベクトルの前に変換行列を置く形になる。

縦ベクトルと横ベクトル

上で見たように、線形代数に内在する縦ベクトル・横ベクトルという二重性は、共変・反変という二重性（双対性）と関係している。たとえば後に見るように、反変表示と共変表示の間でのみ内積が計算できるのだが、これは線形代数で、横ベクトルと縦ベクトルの間でのみ内積の計算が許されることと同じである。これにより、「準備運動」で発生した問題（筋肉痛）の答がわかった。すなわち式 (6.3) は、正しくは式 (6.9) と同様、横ベクトルの関係式として書かねばならず、すると行列が転置されるので θ が $-\theta$ となり、めでたく逆行列となる。つまり回転行列は転置行列＝逆行列の実ユニタリ行列であるため、本来は横ベクトルとして示すべき式を縦ベクトルとして示した結果、逆行列が転置され $(\mathcal{T}^{-1})^\dagger = \mathcal{T}$ として元の行列に

---

[11] もちろん「縦」と「横」に絶対的な区別があるわけではないから、反変ベクトルを横ベクトルとして出発すれば、共変ベクトルが縦となる。また「行ベクトル」「列ベクトル」という用語が一般的だが、どちらが行でどちらが列か直観しづらいので、本書では縦横で区別する。

戻ってしまったのだ。これで冒頭の設問 [Q1] の答は明らかになった。**特殊相対論の舞台となるミンコフスキー時空は、デカルト座標系ではないため、反変と共変を区別する必要が生じるが、3 次元デカルト座標系ではその区別が必要なく、反変 = 共変だったのである。**

基底ベクトルの導入

後続の説明への橋渡しとして、図 6.2(b) のように、ξ、x、η、y 軸方向の長さ 1 の基底ベクトル $\mathbf{e}_\xi = \mathbf{e}_x$、$\mathbf{e}_\eta$、および $\mathbf{e}_y$ を導入しよう（$\mathbf{e}_y$ は既出）。それらの間の内積は $\mathbf{e}_\xi \cdot \mathbf{e}_\eta = \mathbf{e}_x \cdot \mathbf{e}_\eta = 0$、$\mathbf{e}_\xi \cdot \mathbf{e}_y = \mathbf{e}_x \cdot \mathbf{e}_y = \sin\theta$、$\mathbf{e}_\eta \cdot \mathbf{e}_y = \cos\theta$ である ♣。これらの基底ベクトルを用いると、任意の位置ベクトル $\vec{P}$ は

$$\vec{P} = P^\xi \mathbf{e}_\xi + P^\eta \mathbf{e}_\eta = P^x \mathbf{e}_x + P^y \mathbf{e}_y \tag{6.10}$$

と 2 通りに展開できる。この式と、$\mathbf{e}_\xi$ ないし $\mathbf{e}_\eta$ との内積を求め、基底ベクトル間の内積の関係を利用すれば、

$$\mathbf{e}_\xi \cdot \vec{P} = P^\xi = P^x(\mathbf{e}_\xi \cdot \mathbf{e}_x) + P^y(\mathbf{e}_\xi \cdot \mathbf{e}_y) = P^x + P^y \sin\theta$$

$$\mathbf{e}_\eta \cdot \vec{P} = P^\eta = P^x(\mathbf{e}_\eta \cdot \mathbf{e}_x) + P^y(\mathbf{e}_\eta \cdot \mathbf{e}_y) = P^y \cos\theta$$

が得られる。この結果を行列表示すると、式 (6.7) の第 2 式が再現し、その第 1 式も同様な計算で導くことができる ♣*[12]。こうして当然ながら、位置ベクトルは反変ベクトルとして、座標と同じ変換 $\mathcal{T}$ に従うことがわかった。

では直交系の基底ベクトル $(\mathbf{e}_\xi, \mathbf{e}_\eta)$ から斜交系の基底ベクトル $(\mathbf{e}_x, \mathbf{e}_y)$ への変換も、同様だろうか？　いま $\mathbf{e}_x = \mathbf{e}_\xi$ であり、またすでに示したように (ξ, η) 座標系で $\mathbf{e}_y = (\sin\theta, \cos\theta)$ だから、基底ベクトルを縦ベクトルとみなし、(ξ, η) 座標系での成分表示を 2×2 の行列の式としてまとめて書くと、

$$(\mathbf{e}_x, \mathbf{e}_y) = \begin{pmatrix} 1 & \sin\theta \\ 0 & \cos\theta \end{pmatrix} = \mathcal{T}^{-1} = (\mathbf{e}_\xi, \mathbf{e}_\eta)\, \mathcal{T}^{-1}$$

となって、現れたのは逆変換 $\mathcal{T}^{-1}$ の方であった。ここに最右辺の $(\mathbf{e}_\xi, \mathbf{e}_\eta)$ は (ξ, η) 座標系では単位行列になることに注意しよう。このように、基底ベクトルたちは座標の逆変換に従って変換され、gradient ベクトルと同様、共変ベクトルとみなされる。基底ベクトルの添字を下付きにしたのは、この理由による。

---

*[12]　ただし (x, y) が斜交系なので、少し計算は面倒である。

　座標変換とは、同じベクトル空間を眺めるさい、視点を変える操作である。視点を変えると、$\vec{P}$自身は変化しないが、その見え方が変わり、その変化を記述するのが$\mathcal{T}$である。他方、基底ベクトルは視点にくっついて変化し、その変化のしかたを記述するのが$\mathcal{T}^{-1}$である。たとえば自分が反時計回りに回転しながら体を縮めると、世の中は相対的に、時計回りに回転しつつ巨大化するように見える。その「見え方」の変化が「反変」で、それは$\mathcal{T}$で表現される。他方、「見方」の変化が「共変」で、それを表すのは$\mathcal{T}^{-1}$なのである。

6.1.3　反変ベクトルと共変ベクトル：2次元の場合

互いに双対な座標系

　図 6.2 では、x軸とξ軸は一致させたままにし、あえてxとyを非対称な形で扱った。こうして斜交系と直交系が共存することで、両者が対比され、また非対称なゆえに、式 (6.9) で縦ベクトルと横ベクトルの違いに気づくことができ、準備運動で発生した筋肉痛を解消できた。ただしこの配置には 1 つ重大な欠点がある。それは (ξ,η) 系と (x,y) 系が互いに「双対」になってはおらず、そのため数学的に不完全なことである。やや不正確なアナロジーだが、これまで考えてきた系は、時間と空間についてのガリレイ変換 (§ 6.2.2) に良く似た性格をもつ。

　そこで (x,y) を固定したまま、ξ軸を回転させてx軸とξ軸の間にも角度ズレを与えよう（これはローレンツ変換に類似する）。出発点となった直交座標系 (ξ,η) は用済みなので、η軸を改めてY軸と呼び直し、ξを回転させて生じた軸をX軸と呼ぶ。そのさいY軸がx軸と直交するので、X軸をy軸に直交させることを指導原理とする。この状況は図 6.3 に示され、新たな座標系 (X,Y) も斜交系になり、X軸とx軸のなす角は、Y軸とy軸のなす角と同じくθである。(X,Y) 座標系は、(x,y) に対して双対 (dual) な座標系と呼ばれる。一方を「こちら側」と呼べば、他方は「あちら側」だが、「こちら」と「あちら」の双対性は相対的でもあり、(X,Y) から見ると当然、(x,y) が「あちら側」になる[*13]。

　半ば繰り返しだが、x および y 軸方向の長さ 1 の基底ベクトル $\mathbf{e}_x$ と $\mathbf{e}_y$ を用いると、改めて

[*13]　仏教で、この世とあの世を隔てる川のこちら側を此岸、あちら側を彼岸と呼ぶ。輪廻転生思想では、此岸と彼岸は一方通行ではない。中島みゆきの『らいしょらいしょ』という歌は、「前生から今生見れば来生／彼方で見りゃこの此岸も彼岸」と、この双対性・相対性をみごとに表現する。

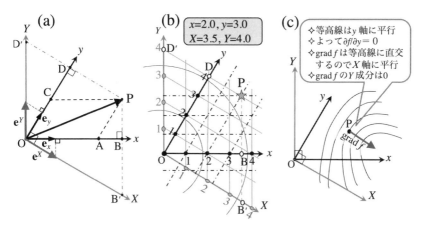

図 6.3 (a) 斜交座標系 (x, y) に、それと双対な座標系 (X, Y) を重ねたもの。Y 軸は図 6.2 の η 軸に一致する。(b) それらと同じ 2 つの座標系に、グリッド線および具体的な座標の数値を記入したもの。星印の点の座標を、灰色の囲みの中に示す。(c) gradient ベクトルの共変性を説明する図。

$$\vec{P} = \overrightarrow{\mathrm{OA}} + \overrightarrow{\mathrm{OC}} = P^x\,\mathbf{e}_x + P^y\,\mathbf{e}_y \tag{6.11}$$

という平行四辺形の合成が成り立ち、この (P^x, P^y) が、(x, y) 座標系での $\vec{P}$ の「反変成分 (contravariant components)」である。式 (6.7) で例示したように、これら反変成分は、座標変換と同じ変換 $\mathcal{T}$ に従う。

図 6.3(a) を見ると、$\vec{P}$ を平行四辺形で合成するもう 1 つの方法として、$\vec{P} = \overrightarrow{\mathrm{OB}'} + \overrightarrow{\mathrm{OD}'}$ に気づく。この合成を式 (6.11) と同様に表現しよう。P、B、B′ の 3 点は同じ X 座標 P_X をもち、$\mathrm{OB}' = P_X / \cos\theta$、また同様に $\mathrm{OD}' = P_Y / \cos\theta$ である。よって X および Y 方向の単位ベクトル $\mathbf{e}'^X$ および $\mathbf{e}'^Y$ を用いるなら、$\vec{P} = (P_X \mathbf{e}'^X + P_Y \mathbf{e}'^X) / \cos\theta$ と書ける。しかし $1 / \cos\theta$ 因子が邪魔なので、「基底ベクトルの長さは 1」という常識を捨て、図 6.3(a) のように長さ $1 / \cos\theta$ の基底ベクトル対 $\mathbf{e}^X \equiv \mathbf{e}'^X / \cos\theta$ と $\mathbf{e}^Y \equiv \mathbf{e}'^Y / \cos\theta$ を導入すると[14]、

$$\vec{P} = \overrightarrow{\mathrm{OB}'} + \overrightarrow{\mathrm{OD}'} = P_X\,\mathbf{e}^X + P_Y\,\mathbf{e}^Y \tag{6.12}$$

とスッキリする。しかも係数の (P_X, P_Y) は式 (6.4) の少し前で述べた、ベクトル $\vec{P}$ の共変成分、すなわち x および y 軸に下ろした垂線の足の原点からの距離になっ

---

[14] これらは双対空間での基底ベクトルだから、上付き添字で示す。

ているので、式 (6.11) と双対な表現が得られたことになる。

　長さ $1/\cos\theta$ の基底ベクトルを導入したもう 1 つの利点として、内積を定義に従い計算すると、$\mathbf{e}_x \cdot \mathbf{e}^X = 1 \times (1/\cos\theta) \times \cos\theta = 1$ となるし、(X, Y) の定義を思い出せば $\mathbf{e}_x \perp \mathbf{e}^Y$ かつ $\mathbf{e}_y \perp \mathbf{e}^X$ だから、

$$\mathbf{e}_x \cdot \mathbf{e}^X = \mathbf{e}_y \cdot \mathbf{e}^Y = 1 \quad ; \quad \mathbf{e}_x \cdot \mathbf{e}^Y = \mathbf{e}_y \cdot \mathbf{e}^X = 0 \tag{6.13}$$

となり、$(\mathbf{e}_x, \mathbf{e}_y)$ と $(\mathbf{e}^X, \mathbf{e}^Y)$ の間には、正規直交基底に似た関係が成り立つ。この結果を用いると、式 (6.11) と式 (6.12) の内積をとることにより、

$$|\vec{P}|^2 = (P^x \mathbf{e}_x + P^y \mathbf{e}_y) \cdot (P_X \mathbf{e}^X + P_Y \mathbf{e}^Y) = P^x P_X + P^y P_Y \tag{6.14}$$

となって、式 (6.4) が三たび、そして最も美しい形で証明できた。より一般的に、2 つのベクトル $\vec{P}$ と $\vec{Q}$ があるとき、それらの内積は式 (6.14) と同様、

$$\vec{P} \cdot \vec{Q} = P^x Q_X + P^y Q_Y = P_X Q^x + P_Y Q^y \tag{6.15}$$

で与えられ、結果はスカラーである。重要なのは、**反変成分と共変成分の間でのみ、通常の形での内積が計算できる**ことである。

　さて基底ベクトルが長さ 1 でないと、今まで基準と思っていたものが勝手に変わってしまい、戸惑うかもしれない。そこで 図 6.3(b) を見てみよう。これは (a) と同じ座標系に、$\theta = 30°$ として具体的な座標値を書き込んだもので、上の手続きどおり $\mathbf{e}^X$ と $\mathbf{e}^Y$ の長さを $1/\cos(30°) = 1.15$ に選んである。そのため x 軸や y 軸の目盛の間隔に比べ、X 軸や Y 軸の目盛の間隔が 1.15 倍になっていて、$X = $ 一定の線が x 軸と交わる点 B の x 座標は、それが X 軸と交わる点 B′ の X 座標に等しく、同様に D の y 座標は D′ の Y 座標に等しい。いわば X 軸や Y 軸は、それぞれ x 軸や y 軸を傾けた上で、$|\mathbf{e}^X| : |\mathbf{e}_x| = \text{OB:OB}′$ という相似関係を保つよう引き伸ばされていて、自然な状況であることがわかる。直交座標系に似た直交グリッド群が透けて見えるのは、$\mathbf{e}_x \perp \mathbf{e}^Y$ および $\mathbf{e}_y \perp \mathbf{e}^X$ のためである。

　ではなぜ図 6.2 の非対称な場合には、すべて長さ 1 の基底ベクトルで用が済んだのだろう。それは (ξ, η) と (x, y) が互いに双対にはなっておらず、単に相互に変換できる座標系であったことと、(ξ, η) が直交座標系だったためである。つまり「こちら側」と「あちら側」の変換をしたのではなく、単に 2 つの「こちら側」を考えただけだったのである。ここにも図 6.2 で非対称な例を選んだ、さらなる意図が潜んでいたことに、気づいてほしい。

再び座標変換

図 6.3 の (x, y) と (X, Y) は、互いに双対であると同時に、同じ 2 次元平面の座標系だから、図 6.2 で式 (6.7) が成り立ったように、互いに一次変換できるはずである[*15]。それを求めるため、任意の点の位置ベクトルを、基底ベクトルを用い

$$\vec{r} = X\mathbf{e}^X + Y\mathbf{e}^Y = x\mathbf{e}_x + y\mathbf{e}_y$$

と書こう。これは先に式 (6.10) で P_x を x、P_y を y と書いたことと同じである。この式と $\mathbf{e}_x$ や $\mathbf{e}_y$ との内積をとり、式 (6.13) を用いると、

$$\vec{r} \cdot \mathbf{e}_x = X = x(\mathbf{e}_x \cdot \mathbf{e}_x) + y(\mathbf{e}_y \cdot \mathbf{e}_x)$$

$$\vec{r} \cdot \mathbf{e}_y = Y = x(\mathbf{e}_x \cdot \mathbf{e}_y) + y(\mathbf{e}_y \cdot \mathbf{e}_y)$$

を得る。ところが基底ベクトルの作り方から、$\mathbf{e}_x \cdot \mathbf{e}_x = \mathbf{e}_y \cdot \mathbf{e}_y = 1$ であり、x 軸と y 軸のなす角は $\pi/2 - \theta$ だから、$\mathbf{e}_x \cdot \mathbf{e}_y = \mathbf{e}_y \cdot \mathbf{e}_x = \cos(\pi/2 - \theta) = \sin\theta$ で、

$$X = x + y\sin\theta \ ; \ Y = x\sin\theta + y$$

が導かれる。これを行列形式に書けば、

$$\begin{pmatrix} X \\ Y \end{pmatrix} = \begin{pmatrix} 1 & \sin\theta \\ \sin\theta & 1 \end{pmatrix} \begin{pmatrix} x \\ y \end{pmatrix} \tag{6.16}$$

となる。同様に上の $\vec{r}$ の式と、$\mathbf{e}^X$ や $\mathbf{e}^Y$ との内積をとり、$\mathbf{e}^X \cdot \mathbf{e}^X = \mathbf{e}^Y \cdot \mathbf{e}^Y = 1/\cos^2\theta$、$X$ 軸と Y 軸のなす角は $\pi/2 + \theta$ だから、$\mathbf{e}^X \cdot \mathbf{e}^Y = -\sin\theta/\cos^2\theta$ であることに注意すれば、逆変換として

$$\begin{pmatrix} x \\ y \end{pmatrix} = \frac{1}{\cos^2\theta} \begin{pmatrix} 1 & -\sin\theta \\ -\sin\theta & 1 \end{pmatrix} \begin{pmatrix} X \\ Y \end{pmatrix} \tag{6.17}$$

を得る♣。順変換と逆変換を続けて施すと、元に戻ることも簡単に確認できる♣。ただし順変換と逆変換で、$1/\cos^2\theta$ という因子の分だけ、形が非対称である。これは、$|\mathbf{e}_x| = |\mathbf{e}_y| = 1$ なのに対し $|\mathbf{e}^X| = |\mathbf{e}^Y| = 1/\cos\theta$ と規格化したことに起因するわけで、§ 6.1.4 で議論を追加する。

解析的な結果を確認し、その理解を深める上で、数値的な検証も重要である。図 6.3(b) は、同じ図の (a) に座標グリッドと軸の目盛りを書き込んだもので、$\theta =$

[*15] これは第 2 巻の式 (4.24) で、フーリエ双対なベクトル空間を元の空間に重ねたことと同じ。

$30°$ だから、$\sin\theta = 0.5$ である。星印の点 P は、$x = P^x = 2.0$（右上り一点鎖線）と $y = P^y = 3.0$（水平な一点鎖線）の交点にある。その (X, Y) 座標を求めるべく、式 (6.16) に数値を代入すれば、

$$\left(\begin{array}{c} P_X \\ P_Y \end{array}\right) = \left(\begin{array}{cc} 1.0 & 0.5 \\ 0.5 & 1.0 \end{array}\right)\left(\begin{array}{c} 2.0 \\ 3.0 \end{array}\right) = \left(\begin{array}{c} 3.5 \\ 4.0 \end{array}\right)$$

となり、星印の X 座標は 3.5、Y 座標は 4.0 と予測される。図 6.3(b) では確かにその通りになっている。逆変換の式 (6.17) も同様に確認できる♣。さらに $P_x P^X + P_y P^Y = 2.0 \times 3.5 + 3.0 \times 4.0 = 19.0 = 4.36^2$ より OP=4.36 と計算され、△ OAP ないし△ OCP に余弦定理を適用して求めた OP も、これに一致する*16。図 6.3(b) の他の点についても同様な作業を行うと♣、理解が深まるだろう。

全微分の意義づけと gradient の再考

ここまでの考察で、今まで何気なく用いていたスカラー関数 $f(\vec{r})$ の全微分も、実は双対性と深く関係していることに気づく。それには

$$\mathrm{d}f = \left(\frac{\partial f}{\partial x}\right)\mathrm{d}x + \left(\frac{\partial f}{\partial y}\right)\mathrm{d}y = \left(\frac{\partial f}{\partial x}, \frac{\partial f}{\partial y}\right)\left(\begin{array}{c} \mathrm{d}x \\ \mathrm{d}y \end{array}\right) = \mathrm{grad}f \cdot \mathrm{d}\vec{r} \qquad (6.18)$$

と書けばよく、スカラー量である $\mathrm{d}f$ が、横ベクトル（共変ベクトル）である gradient と、縦ベクトル（反変ベクトル）である $\mathrm{d}\vec{r}$ との内積で表される。位置ベクトル x^i は反変ベクトルなので添字を上付きにするのに対し、gradient ベクトル $\{\partial/\partial x^i\}$ では座標変数が分母に来るので添字は下付きの扱いとなり、共変ベクトルであることが形式としても保証される。結果として、上式の縮約が可能となる。

仕上げに、きわめて重要な視点を述べておこう。図 6.3(c) には $f(\vec{r})$ の等高線が、点 P 付近で y 軸に平行になるよう描いてある。すると x 一定で y を変えても f の値は変化しないから、$\partial f(x,y)/\partial y = 0$ である。他方で $\mathrm{grad}\, f$ ベクトルは f の等高線に直交するから、それは図で y 軸に直交、すなわち X 軸に平行であり、よって $\mathrm{grad}\, f$ は Y 成分をもたない。このように $\partial f(x,y)/\partial y = 0$ により消えるのは、**$\mathrm{grad}\, f$ の y 成分ではなく Y 成分である**。より一般的に、共変ベクトル $(\partial f/\partial x, \partial f/\partial y)$ は (x, y) 座標系で計算されるが、それは (X, Y) 系での成分表示であって、(x, y) 系での成分表示ではない。よって $(\partial f/\partial x,\, \partial f/\partial y) = (\{\mathrm{grad}\, f\}_X,$

---

*16 長さの単位は (x, y) 系でのものを用いる。

$\{\text{grad } f\}_Y$）だが、$(\partial f/\partial x, \partial f/\partial y) \neq (\{\text{grad } f\}_x, \{\text{grad } f\}_y)$ である。

6.1.4　反変ベクトルと共変ベクトル：N 次元の場合

多次元での定義

　これまでの考察を一般化し、N 次元の斜交座標系 $\{x^i : i = 1, 2, \ldots, N\}$ に対し、それに双対な N 次元の斜交座標系 $\{X_j : j = 1, 2, \ldots, N\}$ を定義しよう。それには、ある i を選ぶと、N 次元ユークリッド空間の中で**原点を通り、すべての x^k 軸 $(k \neq i)$ と直交する直線が存在し、（正負の向きを除き）一意に決まる**ので、それを X_i とすればよい。たとえば $N = 3$ なら § 6.1.6 に登場するように、外積を用い $\mathbf{e}_k = \mathbf{e}_i \times \mathbf{e}_j$（$i, j, k$ は 1,2,3 を循環）とすればよい。あるいは x^i 軸に直交する平面 Π_i $(i = 1, 2, 3)$ が 1 つずつ決まり、それらは互いに異なるので、Π_i と Π_j の交点は 1 つの直線となり、それを X_k 軸とすればよい。一般の N の場合には、N 次元空間の各点を表す位置ベクトルは N 個の自由度をもち、それらのうち x^1 軸に直交するものを集めると、直交条件から自由度が 1 つ減り $N - 1$ 次元の部分空間になる。その中で x^2 軸にも直交するベクトルのみ残すと、$N - 2$ 次元の部分空間になる。これを繰り返し、最後に x^{N-1} 軸に直交するという条件を加えると、$N - (N - 1) = 1$ 次元の部分空間として直線が残るので、それを X_N と定義すればよい。こうして得られた X_N は一般に、x^N 軸とは一致しない。他の軸も同様に定義できる。$N = 3$ に対し、この作業を具体的に行ってみるとよい。

　ここからは式 (6.11) や式 (6.12) と同様、基底ベクトルを用いるとし、x^i 軸方向の基底ベクトルを $\mathbf{e}_i$、その双対座標軸 X_j 軸方向の基底ベクトルを $\mathbf{e}^j$ と書く[*17]。x^j 軸と X_j 軸のなす角を θ_j とし[*18]、2 次元の場合と同じく $|\mathbf{e}_j| = 1$ および $|\mathbf{e}^j| = 1/\cos\theta_j$ と規格化すると、これら基底ベクトルたちの間には

$$\mathbf{e}_i \cdot \mathbf{e}^j = \mathbf{e}^j \cdot \mathbf{e}_i = \delta^i{}_j \tag{6.19}$$

という重要な関係が成り立つ♣。ここで、クロネッカーのデルタ $\delta^i{}_j$ も上付きと下付きを意識した書き方に直した。こうして双対な座標系を考えることで、直交座標系における「正規直交基底」という考えが斜交座標にも拡張できる。

　2 次元のときと同様、座標系 $\{x^i\}$ で定義された任意のベクトル $\vec{P}$ は、そこでの

[*17]　ここでも座標と基底ベクトルの間で、添字の上付きと下付きを逆転させてある。

[*18]　θ_j が j に依存することは、以下のように確かめられる。図 6.2(b) で、紙面に垂直に z 軸を加えてみると、それは x, y, X, Y いずれの軸にも直交するので、そのまま Z 軸とも同一視できる。よって x 軸や y 軸については $\theta \neq 0$ であるにもかかわらず、z 軸に関しては $\theta = 0$ である。

基底 {$\mathbf{e}_i$} および双対空間 {X_i} での基底 {$\mathbf{e}^i$} を用いると、

$$\vec{P} = \sum_{i=1}^{N} P^i \mathbf{e}_i = \sum_{i=1}^{N} P_i \mathbf{e}^i \tag{6.20}$$

と 2 通りの一次結合で記述できる。つまり $\vec{P}$ を、出発点の座標系での自然な基底 {$\mathbf{e}_i$} で展開すれば、係数として反変成分 {P^i} が得られ、双対空間の基底 {$\mathbf{e}^i$} で展開すれば、係数として共変成分 {P_i} が得られる。別のベクトル $\vec{Q}$ を同様に表した場合、式 (6.19) の正規直交性により、式 (6.15) の拡張として

$$\vec{P} \cdot \vec{Q} = \sum_{i=1}^{N} P_i Q^i = \sum_{i=1}^{N} P^i Q_i \tag{6.21}$$

という内積の表現が得られる*。線形代数の記法を用いると、

$$\vec{P} \cdot \vec{Q} = (P_1, P_2, \ldots, P_N) \begin{pmatrix} Q^1 \\ \vdots \\ Q^N \end{pmatrix} = (Q_1, Q_2, \ldots, Q_N) \begin{pmatrix} P^1 \\ \vdots \\ P^N \end{pmatrix} \tag{6.22}$$

となる。ここでも、共変ベクトルを横ベクトル、反変ベクトルを縦ベクトルとして扱っている。

共変・反変という名称の由来

式 (6.19) を導くさい、共変ベクトルを用いた平行四辺形の合成を見やすくするため、基底ベクトルたちを $|\mathbf{e}_j| = 1$ および $|\mathbf{e}^j| = 1/\cos\theta_j$ と非対称に規格化した結果、式 (6.16) と式 (6.17) のように、x^j と X_j の間に非対称性が生じてしまった。ただしこれに重大な問題があるわけではないことは、図 6.3 の例で逆に (X, Y) から出発し、(x, y) をそれに双対な座標系とみなす手続きを、各自で行ってみれば納得できよう*。数学的に考える限り*19、これまで採用した非対称な規格化に必然性があるわけではなく、要は $|\mathbf{e}_j||\mathbf{e}^j|\cos\theta_j = 1$ であれば良いのである。

そこで任意の正の実数 α を用い、$\mathbf{e}'_j \equiv \alpha\mathbf{e}_j$ および $\mathbf{e}'^j \equiv \alpha^{-1}\mathbf{e}^j$ とする自由度が残る。この自由度は、あくまで基底ベクトル群の選び方だけの話なので、それにより $\vec{P}$ 自身が影響されたりしてはならない。よって反変成分に対しては、

---

*19　物理的な意味を考えると話は違ってくるが。

$$\vec{P} = \sum_{i=1}^{N} P^i \mathbf{e}_i = \sum_{i=1}^{N} (\alpha^{-1} P^i)(\alpha \mathbf{e}_i) = \sum_{i=1}^{N} (\alpha^{-1} P^i) \mathbf{e}'_i \tag{6.23}$$

が成り立たなければならず、元の $\{x^i\}$ 空間での基底を α 倍すると、成分は反比例して $1/\alpha$ 倍になる。だから「反変」なのである。他方、共変表示の方は、

$$\vec{P} = \sum_{i=0}^{N} P_i \mathbf{e}^i = \sum_{i=0}^{N} (\alpha P_i)(\alpha^{-1} \mathbf{e}^i) = \sum_{i=0}^{N} (\alpha P_i) \mathbf{e}'^{\,i} \tag{6.24}$$

を満たす必要があるから、共変成分は α 倍になる。したがって「共変」の名前がつく。これで冒頭 [Q2] の答が得られた。

　一件落着はしたが、基底ベクトルの長さの規格化は、微妙な問題を含む。もし $|\mathbf{e}_j| = |\mathbf{e}^j| = 1/\sqrt{\cos\theta_j}$ と規格化すれば、2 つの空間が対称になり、式 (6.16) と式 (6.17) の右辺で、行列の前の係数はともに $1/\cos\theta$ になる。そして $\sin\theta = \beta$ と置けば、$1/\cos\theta = \pm 1/\sqrt{1-\beta^2}$ となり、ローレンツ変換でおなじみの因子が現れ、「運動物体の短縮」や「運動する時計の遅れ」につながる。

テンソルと縮約

　ベクトルや行列のように、いくつか添字をもつ量をテンソル (tensor) と総称し、添字の個数をそのテンソルの階数 (rank) と呼ぶ。スカラーは階数 0 のテンソルであり、行列は階数 2 のテンソルである。ベクトルは、たとえば (x, y) 平面を表す 2 次元のものから、$N = 10^4$ といった巨大な次元をもつものまで、すべて階数 1 であり、**階数と次元を混同してはならない**。

　あるテンソル A が A^j のように上付き添字 j をもち、別のテンソル B が B_k のように下付き添字 k をもち、しかも j と k がともに 1 から N（ある整数）まで走るとしよう。この場合は $j = k$ と揃えた上で掛け算し、揃えた添字について足し上げると、別の量 C が作られる。この演算

$$C = \sum_{i=1}^{N} A^i B_i = \sum_{i=1}^{N} A_i B^i$$

を A と B の縮約 (contraction) と呼び、式 (6.21) や式 (6.22) はその実例である。行列の掛け算は一般に順序を入れ替えられないが、こうしてテンソルの式にすれば上の例のように、A と B の順序は入れ替えられる。以下はいずれも、線形代数に現れる縮約の例である。

1. 同じ次元 N をもつ、一対の横ベクトルと縦ベクトルの内積をとると、スカラーになる。階数の和は 1+1=2 から 0 へと、2 だけ減る。

2. N 次元の横ベクトルの後から $N \times M$ 次元の行列を掛けると、M 次元の横ベクトルになる。$N \times M$ 次元の行列の後から M 次元の縦ベクトルを掛けると、N 次元の縦ベクトルになる。ともに階数は 1+2=3 から 1 に変わる。

3. $N \times M$ 次元の行列と $M \times K$ 次元の行列を、この順に掛けると、$N \times K$ 次元の行列が得られる。階数は、2+2=4 から 2 減って、2 になる。

この立場に立つと、行列 A の添字は $A^i{}_j$ と書くのが自然で、第 1 の添字は行列の行番号（縦方向）を表し、第 2 の添字は列番号（横方向）を表す。ただし $A_{i,j}$ や $A^{i,j}$ という場合も登場する。以下、**同じ添字が上下のペアで登場した場合、その添字に関する和記号を省略する**という、アインシュタインの規約 **(Einstins's convention)** を用いる。このときペアになる添字はダミー添字、単独の添字は自由添字と呼ばれる。ダミー添字は縮約で消えるのでどんな記号で表しても良いが、自由添字と重なってはいけない。個々の自由添字は、同じ式の異なる項や左辺と右辺の間で一致する必要があるが、その範囲でやはり任意の記号で表せる。

一般の座標変換に対する応答

今度は $\{x^i\}$ 座標系と、それに座標の一次変換を施して得られる任意の座標系 $\{x'^i\}$ を考え、それらがテンソル（行列）$\mathcal{T}$ およびその逆テンソル $\tilde{\mathcal{T}}$ を用い、

$$x'^i = \mathcal{T}^i{}_j x^j \ ; \quad x^i = \tilde{\mathcal{T}}^i{}_j x'^j \tag{6.25}$$

と変換されるとする。$\mathcal{T}^i{}_j$ は 2 階のテンソルで、第 1 添字については反変、第 2 添字については共変である。このようなテンソルは混合テンソルと呼ばれる。第 1 式では、$\mathcal{T}^i{}_j$ の第 2 添字（共変）と反変ベクトル x^j の間で縮約が起き、$\mathcal{T}^i{}_j$ の第 1 添字（反変）が生き残り、それが反変ベクトル x'^i になる。第 2 式も同様である。順と逆のテンソル間には以下が成り立つ：

$$\mathcal{T}^j{}_i \tilde{\mathcal{T}}^i{}_k = \tilde{\mathcal{T}}^j{}_i \mathcal{T}^i{}_k = \delta^j{}_k$$

次に、任意のベクトル $\vec{P}$ を $\{x^i\}$ 系および $\{x'^i\}$ 系で表したときの共変成分を、それぞれ $\{P_i\}$ および $\{P'_i\}$ とし、別のベクトル $\vec{Q}$ を今度は反変成分を用い同様に表したものを、$\{Q^i\}$ および $\{Q'^i\}$ とする。座標変換に伴い、ベクトルの共変成分は $\tilde{\mathcal{T}}$ により、また反変成分は $\mathcal{T}$ により変換されるから、

$$P'_i = P_j \tilde{\mathcal{T}}_i{}^j \quad ; \quad Q'^i = \mathcal{T}^i{}_k Q^k$$

と書ける[20]。式 (6.21) により P'_i と Q'^i の内積を求めると、

$$P'_i Q'^i = (P_j \tilde{\mathcal{T}}_i{}^j)(\mathcal{T}^i{}_k Q^k) = P_j \left(\tilde{\mathcal{T}}_i{}^j \mathcal{T}^i{}_k \right) Q^k = P_j \left(\delta^j{}_k \right) Q^k = P_j Q^j = P_i Q^i$$

となる。こうして共変ベクトルと反変ベクトルの内積は、座標変換によって値を変えない保存量、すなわちスカラーになる。これは座標変換のさい、反変成分は $\mathcal{T}$ で、また共変成分は $\mathcal{T}^{-1}$ で変換される結果、反変成分と共変成分の縮約では $\mathcal{T}$ と $\mathcal{T}^{-1}$ が打ち消し合うからである。2 次元平面でベクトル間の内積が、座標軸の回転で値を変えないことは、その最も簡単な例といえる。

6.1.5 計量テンソル

斜交座標系 $\{x^i\}$ が与えられたとき、式 (6.25) のように、その一次変換は無数にあるが、その中で唯一無二の特別な変換が 1 つ存在する。それは、$\{x^i\}$ からその双対空間 $\{X_i\}$ への座標変換である。これは $\{x^i\}$ を与えると一意に決まる[21]ので、そのとき座標変換の式 (6.25) を記述するテンソル $\mathcal{T}_i^j$ は、$\{x^i\}$ を「どのように変換するか」ではなく、$\{x^i\}$ は「どのような性質をもつか」を表す。とくに $\{x^i\}$ がデカルト座標系であれば、このテンソルは単位テンソルになり[22]、またこの命題の逆も真である。例として図 6.3 の (x, y) 座標系に対しては、式 (6.16) がこの「特別な座標変換」であり、それは角度 θ だけで決まる。他方、図 6.2 に伴う座標変換の式 (6.8) は、この特別な場合には該当しない。

一般の場合に対し、この特別な座標変換のテンソルを求めよう。式 (6.16) を導いたときと同様、任意の点の位置ベクトルを

$$\vec{r} = X_j \mathbf{e}^j = x^j \mathbf{e}_j$$

と表す。この式と $\mathbf{e}_i$ の内積をとり、式 (6.19) の正規直交関係を用いると、反変ベクトルから共変ベクトルへの変換式として

$$X_i = \left(X_j \mathbf{e}^j \right) \cdot \mathbf{e}_i = (\mathbf{e}_i \cdot \mathbf{e}_j) x^j = g_{ij} x^j \tag{6.26}$$

---

[20] ここは共変ベクトルを横ベクトル、反変ベクトルを縦ベクトルと考えると理解しやすいと考え、P を共変として前に出し、Q を反変として後に置いたが、掛け算の順番は交換可能である。

[21] ただし式 (6.23) や式 (6.24) に表れる規格化因子 α の不定性を除いて。

[22] ただし符号の自由度は残る。

が得られる。この式に登場した対称テンソル

$$g_{ij} = g_{ji} \equiv \mathbf{e}_i \cdot \mathbf{e}_j \qquad (6.27)$$

は「計量テンソル (metric tensor)」と呼ばれ、ここでいう「特別な座標変換」を受けもつ。つまり計量テンソルとは第一義的に、ある座標系 $\{x^i\}$ からそれに双対な座標系 $\{X_i\}$ への変換を表す仕組みである。$\{x^i\}$ がデカルト座標系なら、計量テンソルは $g_{ij} = \delta_{ij}$ と単位テンソルとなる。繰り返しだが式 (6.16) は、図 6.3 の斜交座標系に対する計量テンソルである。

いま $\{x^i\}$ 座標系で表された任意の反変ベクトル $\{P^i\}$ は、座標変換と同じ変換に従い、しかも変換先は双対空間 $\{X_i\}$ だから、式 (6.26) と同様

$$P_i - g_{ij} P^j \qquad (6.28)$$

が成り立つ♣。よって**計量テンソルはベクトルの反変成分を共変成分へと変換する、つまり上付き添字を下付きに入れ替える働きをする**。これが計量テンソルの 2 番目の解釈である。さらに別のベクトル $\vec{Q}$ があると、式 (6.26) を用いて内積を、

$$\vec{P} \cdot \vec{Q} = Q^i P_i = Q^i g_{ij} P^j \qquad (6.29)$$

と表現できる。このように斜交座標系であっても、計量テンソルを間に挟むことにより、双対空間を意識せず、反変成分のみから 2 つのベクトルの内積を計算できる。これが計量テンソルの 3 番目の意義づけとなる。

逆計量テンソル g^{ij}

計量テンソル g_{ij} に対して、逆計量テンソル $g^{k\ell}$ を、

$$g^{k\ell} g_{j\ell} = \delta^k_{\ j} \qquad (6.30)$$

を満たすものとして定義できる。それを求めるべく、$\mathbf{e}_i$ 自身が共変ベクトルで $\mathbf{e}_i = g_{ik}\mathbf{e}^k$ と書けることに注意し♣、同様な表現 $\mathbf{e}_j = g_{j\ell}\mathbf{e}^\ell$ との内積をとると、$g_{ij} = \mathbf{e}_i \cdot \mathbf{e}_j = g_{ik}\left(\mathbf{e}^k \cdot \mathbf{e}^\ell g_{j\ell}\right)$ となるので、カッコの中は $(\mathbf{e}^k \cdot \mathbf{e}^\ell g_{j\ell}) = \delta^k_{\ j}$ でなければならない。これと式 (6.30) を見比べることで

$$g^{k\ell} = \mathbf{e}^k \cdot \mathbf{e}^\ell \qquad (6.31)$$

が導かれ♣、それを用いれば式 (6.28) や式 (6.29) に双対な関係式として、

$$P^\ell = P_k\, g^{k\ell} \quad ; \quad \vec{P} \cdot \vec{Q} = Q_k P^k = Q_k g^{k\ell} P_\ell$$

が成り立つことも明らかだろう ♣。たとえば図 6.3 で $\mathbf{e}_x$ と $\mathbf{e}_y$ のなす角が $\pi/2 - \theta$ で $\mathbf{e}^X$ と $\mathbf{e}^Y$ のなす角が $\pi/2 + \theta$ であることを使うと、式 (6.31) を用い、式 (6.16) の逆変換である式 (6.17) をたやすく導くことができる ♣。

曲線座標系における計量テンソル

これまで考えてきた直線座標系では、計量テンソルの各成分は定数だった。図 6.1 の (b) や (d) のような曲線座標系では、この条件は成り立たないが、ある点 $\vec{r}$ での微小な長さ $\mathrm{d}s$ が $(\mathrm{d}s)^2 = g_{ij}(\vec{r})\mathrm{d}x^i\mathrm{d}x^j$ で与えられるとして、位置に依存した計量テンソル $g_{ij}(\vec{r})$ が同様に定義される。たとえば 3 次元球座標系 (r, θ, φ) では $(\mathrm{d}s)^2 = (\mathrm{d}r)^2 + r^2(\mathrm{d}\theta)^2 + r^2\sin^2\theta(\mathrm{d}\varphi)^2$ だから ♡、3×3 の計量テンソルは以下のようになる：

$$g(r, \theta, \varphi) = \begin{pmatrix} 1 & 0 & 0 \\ 0 & r^2 & 0 \\ 0 & 0 & r^2\sin^2\theta \end{pmatrix} \tag{6.32}$$

設問 [Q3] の答

この節の冒頭で掲げた設問のうち、[Q1] には § 6.1.2 で、[Q2] には § 6.1.4 で、答が得られたので、残るは [Q3] である。速度ベクトル $\mathrm{d}x^i/\mathrm{d}t$ の各成分（反変成分）は、「こちら側」の座標の変化率という、物理的に明確な意味をもつ。それを無理に共変成分での表示 $\mathrm{d}X_i/\mathrm{d}t$ に変換してしまうと、「あちら側」の座標 X_i で運動を記述することになり、意味が不明になる。よって速度ベクトルは、やはり反変ベクトルと呼びたい。また図 6.3(c) で見たように、「こちら側」で定義される $\partial f/\partial x^i$ の各成分は、幾何学的には「あちら側」の座標系に現れ共変成分となる。よって gradient は、やはり共変ベクトルとみなすべきである。しかし、すでに見たように、計量テンソル g_{ij} とその逆テンソル $g^{k\ell}$ を使えば、任意のベクトルの反変成分と共変成分を相互に入れ替えられる。とすれば反変「ベクトル」・共変「ベクトル」という表現は不適切で、反変「成分」・共変「成分」という表現だけが意味をもつ気もする。というわけで、[Q3] の答はしばらくお預けとして先に進みたい。

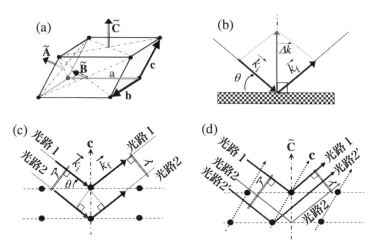

図 6.4 (a) 結晶の単位胞と逆格子ベクトルの定義。(b) 鏡面による光の反射。(c) デカルト座標系で表される結晶の、$\mathbf{a} \times \mathbf{b}$ 面による X 線のブラッグ反射。(d) 斜交座標系で表される結晶の場合。

6.1.6　結晶における逆格子

　斜交座標系の理解を美しく仕上げるには、結晶構造を考えるのが良い[*23]。固体のうち、構成粒子が、空間的な規則性をもって並んでいる物質を、結晶 (crystal) と呼ぶ[*24]。図 6.4(a) に示すように、結晶では 3 次元空間において、長さの次元をもつ極性ベクトル[*25]の三つ組 $(\mathbf{a}, \mathbf{b}, \mathbf{c})$ があり、「格子ベクトル (lattice vectors)」と呼ばれる。これは数学的には、反変基底ベクトル $\{\mathbf{e}_j\}$ である。ただしそれらの長さは一般に、同じではない。位置 $\vec{r} = 0$ に 1 つの粒子が存在するなら、(ℓ, m, n) を任意の整数の三つ組とするとき、位置

$$\vec{r}_{\ell mn} = \ell \mathbf{a} + m \mathbf{b} + n \mathbf{c} \tag{6.33}$$

にも必ず同じ粒子が存在する。

　結晶の構成単位は $(\mathbf{a}, \mathbf{b}, \mathbf{c})$ を稜とする平行 6 面体で、それは単位胞 (unit cell) と呼ばれる。右手系を仮定し、面積の次元をもつ 3 つの軸性ベクトル

[*23]　通常、結晶による X 線回折を説明するため斜交座標が持ち出されるが、なかなか理解しづらい。ここは逆に、斜交座標を理解した上で、結晶構造を考える。

[*24]　そうした規則性をもたないガラスなどは、非晶質 (amorphous materials) と呼ばれる。

[*25]　極性ベクトルと軸性ベクトルについては、第 1 巻の §1.2.2 および §2.1.1 参照。

$$\mathbf{A} \equiv (\mathbf{b} \times \mathbf{c}) \ ; \ \mathbf{B} \equiv (\mathbf{c} \times \mathbf{a}) \ ; \ \mathbf{C} \equiv (\mathbf{a} \times \mathbf{b})$$

を定義すれば、それらは単位胞の3つの面を表す法線ベクトルで、その長さは面の面積に等しい。それらを用いると、この単位胞の体積は、

$$V = \mathbf{A} \cdot \mathbf{a} = \mathbf{B} \cdot \mathbf{b} = \mathbf{C} \cdot \mathbf{c} = (\mathbf{b} \times \mathbf{c}) \cdot \mathbf{a} = (\mathbf{c} \times \mathbf{a}) \cdot \mathbf{b} = (\mathbf{a} \times \mathbf{b}) \cdot \mathbf{c}$$

で与えられる♣。現れたのは、スカラー三重積の公式で、その幾何学的な解釈を与えてくれる。またデカルト座標系 (x, y, z) での格子ベクトルの成分を用いると、このスカラー三重積は行列式として表すこともできる♡:

$$V = \begin{vmatrix} a^x & a^y & a^z \\ b^x & b^y & b^z \\ c^x & c^y & c^z \end{vmatrix} = \begin{vmatrix} a^x & b^x & c^x \\ a^y & b^y & c^y \\ a^z & b^z & c^z \end{vmatrix} \tag{6.34}$$

こうして定義された V で面積ベクトルを規格化して得られるベクトル

$$\tilde{\mathbf{A}} \equiv \mathbf{A}/V \ ; \ \tilde{\mathbf{B}} \equiv \mathbf{B}/V \ ; \ \tilde{\mathbf{C}} \equiv \mathbf{C}/V$$

は「逆格子ベクトル (reciprocal lattice vectors)」[*26]と呼ばれ、(長さ)$^{-1}$ の次元をもち、結晶学で基本的な重要性をもつ。それらの作り方や外積の性質から

$$\mathbf{a} \cdot \tilde{\mathbf{A}} = \mathbf{b} \cdot \tilde{\mathbf{B}} = \mathbf{c} \cdot \tilde{\mathbf{C}} = 1$$
$$\mathbf{a} \cdot \tilde{\mathbf{B}} = \mathbf{a} \cdot \tilde{\mathbf{C}} = \mathbf{b} \cdot \tilde{\mathbf{C}} = \mathbf{b} \cdot \tilde{\mathbf{A}} = \mathbf{c} \cdot \tilde{\mathbf{A}} = \mathbf{c} \cdot \tilde{\mathbf{B}} = 0$$

が得られ♣、これは式 (6.19) に一致するから、逆格子ベクトルは双対空間の基底ベクトル $\{\mathbf{e}^j\}$ である。さらに $\mathbf{c}$ と $\mathbf{C}$ の角度を θ_c などと書けば、$|\tilde{\mathbf{C}}| = 1/(|\mathbf{c}| \cos\theta_c) = 1/d_C$ などとなる。ここで $d_C \equiv |\mathbf{c}| \cos\theta_c$ は $\mathbf{C}$ の表す結晶格子面の間隔である。よって逆格子ベクトルの長さは明確な意味をもち、そこには自然に $1/\cos\theta_c$ が現れることがわかる。

逆格子ベクトルの物理的な役割を考えよう。図 6.4(b) は波長 λ の光線の、鏡による反射を表したもので、入力光の波数ベクトル（波面の進行方向を向き、長さ $k = 2\pi/\lambda$ のベクトル）を $\vec{k}_\mathrm{i}$、反射光のそれを $\vec{k}_\mathrm{f}$ としてある。任意の $\vec{k}_\mathrm{i}$ の光が反射され、そのさい $|\vec{k}_\mathrm{i}| = |\vec{k}_\mathrm{f}| = k$ で、$\Delta\vec{k} \equiv \vec{k}_\mathrm{f} - \vec{k}_\mathrm{i}$ は鏡面に垂直になる。次に同じ図の

---

*26 reciprocal は、「逆」というより、相互的・交互・行き来、という意味をもつので、双対性を表す良い用語である。ターボエンジンやジェットエンジンに対し、通常のガソリンエンジンをレシプロエンジンとも呼ぶのは、シリンダーが直線往復運動するからである。

(c) は、結晶の $\mathbf{a} \times \mathbf{b}$ 面による X 線のブラッグ反射（またはブラッグ回折）[*27]を表しており、結晶は直方体で $\mathbf{a} \times \mathbf{b}$ 面で反射が起きるとしている。今度は $\vec{k}_i$ に強い制限が課され、波面アから波面イまでの間で、光路 1 と光路 2 の差が波長の整数倍になるべしという条件から、N を自然数として「ブラッグ条件」

$$2d_C \sin\theta = N\lambda = 2\pi N/k \quad \rightarrow \quad 2k\sin\theta = 2\pi N/d_C$$

を満たす場合のみ反射が起きる。$2k\sin\theta = |\Delta\vec{k}|$ なので、この条件は

$$\Delta\vec{k} = 2\pi N\tilde{\mathbf{C}} \quad \rightarrow \quad \vec{k}_f = \vec{k}_i + 2\pi N\tilde{\mathbf{C}}$$

と書かれ、逆格子ベクトル $\tilde{\mathbf{C}}$ がブラッグ反射を決めていると読める。さらに図の (d) では結晶格子面の 2 段目を少し左にずらし、斜交座標系にしてみよう。ブラッグ条件は結晶面の左右の平行移動で影響されず、図の光路 2 と光路 2′ は光路差をもたない。よってブラッグ条件は図の (c) の場合と変わらない。これは、$\mathbf{c}$ は傾くが $\tilde{\mathbf{C}}$ は傾かないことと、整合している。

　結晶の散乱因子°の計算には、逆格子ベクトルが大活躍する。詳細は固体物理学の教科書[*28]に譲るとして、ここでは手短に、波数ベクトルが (長さ)$^{-1}$ の次元をもつこと、波面に垂直なこと、grad $\exp(i\vec{k}\cdot\vec{r}) = i\vec{k}\exp(i\vec{k}\cdot\vec{r})$ なことなどから、gradient ベクトルと類似し、よって共変ベクトルであることに注意しておこう。位置ベクトルが $(\mathbf{a}, \mathbf{b}, \mathbf{c})$ を基底として式 (6.33) のように展開できるのに対し、波数ベクトルは逆格子ベクトル $(\tilde{\mathbf{A}}, \tilde{\mathbf{B}}, \tilde{\mathbf{C}})$ を基底として展開できる。すなわち第 4 章で見た座標と波数というフーリエ双対な関係が、ここでは斜交座標の双対性と、みごとに一致していることがわかる。

6.2　ローレンツ変換とミンコフスキー時空

　斜交座標に慣れたので、本題の特殊相対論に進む。3 次元の空間座標系 (x, y, z) と、それに対し等速直線運動している空間座標系 (x', y', z') を考え、x 軸と x' 軸、y 軸と y' 軸、および z 軸と z' 軸が平行だとする。また (x, y, z) および (x', y', z') に付随する時間を、それぞれ t および t' とし、それらを加えて 4 次元の時空座標系

[*27]　William Henry Bragg (1862-1942) と息子の William Lawrence Bragg (1890-1971) は英国の物理学者で、1915 年に揃ってノーベル物理学賞を受賞。ブラッグ条件は高校で学習ずみと思う。

[*28]　キッテル『固体物理学入門』上巻（第 8 版）の第 1・2 章、宇野良清・津屋昇・新関駒二郎・森田章・山下次郎共訳（丸善出版、2005）。

(space-time coordinate system) $\Sigma(ct, x, y, z)$ および $\Sigma'(ct', x', y', z')$ を作る。Σ と Σ' の間に成り立つ変換が、ローレンツ変換 (Lorentz transformation) [*29]であり、特殊相対論の基本となる概念である。すでに学習ずみと思うが、ここで改めて復習しよう。必要に応じ $ct \equiv T$ と書き、t と T を併用する。原則として四元の添字は μ などギリシャ文字で、3次元は x, y, z ないし j, k, ℓ などで表す。

6.2.1 時空のガリレイ変換

準備運動 1：直交座標系の回転

§6.1.1 では直交座標系の回転を「準備運動」に用いたので、ここでもそれを踏襲しよう。原点を共有する 2 つのデカルト座標系 (x, y) と (x', y') があり、それらの間の座標変換が、4 つの実数 A、B、C、および D を用い、

$$x' = Ax + By \; ; \; y' = Cx + Dy \tag{6.35}$$

と表されるとする。空間が等方的なら、原点から任意の点までの距離は座標系を回転しても不変だから、4 つの係数は

$$x^2 + y^2 = x'^2 + y'^2 \tag{6.36}$$

を満たす必要がある。この右辺に式 (6.35) を代入して整理すると、

$$x^2 + y^2 = (A^2 + C^2)x^2 + (AB + CD)xy + (B^2 + D^2)y^2$$

となり、ここから必要条件として

$$A^2 + C^2 - B^2 + D^? = 1 \; ; \; AB + CD = 0 \tag{6.37}$$

が導かれる。$A \sim D$ はみな実数だから、この第 1 式より、みな -1 から $+1$ の間になければならない。そこで 2 つの実数 θ と ϕ があり、$A = \cos\theta$ および $D = \cos\phi$ と置ける。すると式 (6.37) の第 1 式は、$C = \pm\sin\theta$ および $B = \pm\sin\phi$ を与えるので、これらを第 2 式に代入すれば、三角関数の加法定理より

$$0 = AB + CD = \pm(\cos\theta\sin\phi) \pm (\sin\theta\cos\phi) = \pm\sin(\theta \pm \phi)$$

を得る。2 つの複号は同順ではなく、4 通りの場合を尽くす。よって n を任意の整

[*29] これは Hendrik Antoon Lorentz（オランダ, 1853-1927）にちなむ。磁場が荷電粒子から受けるローレンツ力、ローレンツ分布なども同様。他方、電磁気学のローレンツ (Lorenz) 条件は、デンマークの物理学者ルードヴィヒ・ローレンツ (Ludvig Valentin Lorenz; 1829 - 1891) にちなむ。

数として $\phi = \pm\theta + n\pi$ が要求される。簡単のため $n = 0$ とすれば、

$$A = \cos\theta \; ; \; B = \pm\sin\theta \; ; \; C = \mp\sin\theta \; ; \; D = \cos\theta \;（複号同順）$$

と求まり、式 (6.1) あるいはその逆変換である式 (6.2) が導かれる。

時間と空間が混じる座標変換

次に、この節の冒頭に述べた 2 つの時空座標系 Σ および Σ' の空間部分の原点が互いに等速直線運動することで、空間と時間に混合が起きる場合を考える。そのような変換は、$ct \equiv T$ および $ct' \equiv T'$ と書けば式 (6.35) と同様、

$$T' = AT + Bx \; ; \; x' = CT + Dx \; ; \; y' = y \; ; \; z' - z \tag{6.38}$$

という一次変換で記述できる。第 1 式は「場所により時間が異なる」効果で、地球上の時差はその身近な例である。ここでいくつか注意事項を述べておく。

1. $T = x = 0$ では $T' = x' = 0$ だから、2 つの系の 4 次元の原点 O は一致したままである。Σ と Σ' が互いに等速直線運動するからといって、両系の 4 次元の原点が次第に離れてゆくと誤解しないように。
2. y と z は、変換により時間と混合することはないと仮定しており、(x, y, z) 座標系を適当に回転することで、この状況を実現することができる。物理的には、Σ と Σ' の相対運動の方向に x 軸および x' 軸をとればよい。
3. A は時間から時間への、D は空間から空間への変換係数なので、ともに正と仮定する。つまり空間の反転や時間の逆転は、考えない。
4. B と C は時間と空間の混合を表す係数なので、それらは A や C よりは小さく、$|C| < A$ かつ $|B| < D$ だと仮定する。

ただし 4 つの係数には、まだ有効な制限は与えられない。というのも空間座標系の回転の場合、空間の等方性から式 (6.36) という指導原理があったが、時間と空間が混じる場合、それに相当する指導原理がまだ不明だからである。

準備運動 2：ガリレイ変換

式 (6.38) の例として、ガリレイ変換 (Galilean transformation)[*30]を復習しよう。これは「静止系と運動系で時間は共通・同一である」という仮定にもとづく。Σ 系（静止系）から見た Σ' 系（運動系）の x 方向の相対速度を v とすれば、

$$t' = t \;;\;\; x' = x - vt \;;\;\; x = x' + vt' \tag{6.39}$$

と書け、式 (6.38) で $A = 1$、$B = 0$、$C = -v/c$、$D = 1$ となる。これは斜交座標系になるので、§ 6.1.1 の結果が活き、また以下の性質が成り立つ。

- ニュートンの運動方程式は形を変えない♣。

- Σ' 系に対し速度 v' で x' 方向に運動する系 Σ'' を考えると、単純な速度の加算 $x'' = x' - v't' = x - (v + v')t$ が成り立つ。

- Σ 系から見たとき、$\pm x$ に進む光線の軌跡は $x = \pm ct$ だが、Σ' 系では $x' = (v \pm c)t$ なので光速度は $c \mp v$（複号同順）となり、一定にならない。

- 互いに直線運動する無数の座標系の中で、光速度が実測値に一致する「絶対静止慣性系」が 1 つだけ存在する。

これらの性質はいずれも特殊相対論によって修正されるべきものである。

図 6.5(a) は、(T, x, y) 系から (T', x', y') 系へのガリレイ変換を鳥瞰図にしたものである。(b) はそれを $T = T_1$ という断面で (x, y) 平面に表したもので、Σ 系に対し Σ' 系が x 方向に速度 v で等速直線運動することを表し、相対論の教科書でよく目にする図である。(a) を $y = y' = 0$ の平面で切り、(T, x) 平面[*31]に描くと (c) になり、T 軸に対する T' 軸の角度を θ とすれば、$v/c = \tan\theta$ である。このとき $T =$ 一定のグリッド群は x 軸に、また $T' =$ 一定のグリッド群は x' 軸に平行だから、$T = T'$ という条件によりこれら 2 組のグリッド群は一致し、x 軸と x' 軸も平行になる。つまりガリレイ変換では $T = T'$ なのに、T 軸と T' 軸は一致せず、x 軸と

---

*30　イタリアの著名な科学者 Galileo Galilei (1564-1642) は、望遠鏡を初めて天体観測に適用したほか、振り子の等時性の発見、ピサの斜塔からの落下実験など、実証主義にもとづき天文学・物理学に多くの業績を挙げた。しかし地動説を信奉したため、晩年はカトリック教会から異端裁判などの迫害を受けた。ローマ教会がこの裁判の誤りを認めたのは、じつにガリレオの死後 350 年を経た 1992 年で、進歩的なローマ教皇ヨハネ・パウロ 2 世のときであった。

*31　座標の横軸変数を先、縦軸変数を後に書くという習慣にもとづけば (x, T) 平面だが、本書では他の多くの教科書と同様、時間を先、空間を後に置く。

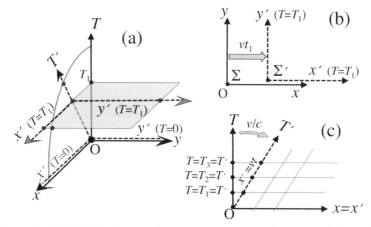

図 **6.5** 一対の時空座標系 $\Sigma(T,x,y,z)$ および $\Sigma'(T',x',y',z')$ の間のガリレイ変換。z 軸を省略し、(T,x,y) の 3 次元で Σ と Σ' の関係を示した鳥瞰図が (a) である。それを $T = T_1$ という平面で切って得られる (x,y) 平面での様子を (b) に、また $y = y' = 0$ の平面で切って得られる (T,x) 平面での関係を (c) に示す。

x' 軸が（$T = 0$ で）一致する。こうした状況は図 6.2(a) で考えたものと近く、斜交座標系では、「座標軸の一致」と「座標値の一致」が双対概念になっていることを示す。じっさい、座標軸とは座標値の **gradient** 方向のことである。

ガリレイ変換の式 (6.39) を行列形式に書くと[*32]、

$$\begin{pmatrix} x' \\ T' \end{pmatrix} = \begin{pmatrix} 1 & -\tan\theta \\ 0 & 1 \end{pmatrix} \begin{pmatrix} x \\ T \end{pmatrix} \ ; \ \begin{pmatrix} x \\ T \end{pmatrix} = \begin{pmatrix} 1 & \tan\theta \\ 0 & 1 \end{pmatrix} \begin{pmatrix} x' \\ T' \end{pmatrix}$$

となる。ここで $T'' \equiv T'/\cos\theta$ と置き、(T,x) と (T'',x') の関係にすれば、式 (6.7) と同じである[*33]。これは図 6.5(c) で、T' 軸が T 軸に比べ、$1/\cos\theta$ 倍に引き延ばされていることによる。

6.2.2 光速度を不変に保つ時空変換

ガリレイ変換では $T = T'$ とるので、式 (6.38) で $B = 0$ であり、x 軸と x' 軸は平行だった。これは直観的には理解しやすいが、その予言する「絶対静止慣性系」の存在は、本章の冒頭に述べたマイケルソンとモーリーの実験により否定

[*32] ここでは式 (6.7) と比べるため、時間と空間の順序を入れ替えて示す。他意はない。

[*33] ただしそこでの (x,y) が、今の (x',T') に当たることに注意。

され、互いに等速直線運動する座標系どうしで光速度は同一であることが確立された。この新条件に立脚するのが特殊相対論のローレンツ変換であり、$T \neq T'$ ($B \neq 0$) なので、双対性により今度は x' 軸が x 軸に対して傾きをもつ。このガリレイ変換からローレンツ変換への発展は、幾何学的には図 6.2 から図 6.3 への移行と似る。他方、変換の数学的な形を決める条件「Σ 系でも Σ' 系でも光速度は同じ」に対しては、3 次元座標系の回転が代数学的に良いお手本になる。

以上を念頭に、時刻 t で原点 O から $+x$ 方向に発せられた光の軌跡を考えると、Σ 系ではそれは $x = ct = T$ で表される。同じ光線の軌跡を Σ' 系で見ても、光速度は同じ c だから、その軌跡は $x' = ct' = T'$ で表されねばならず、光速度不変を満たさないガリレイ変換と大きな違いとなる。この両辺を 2 乗すれば $(x')^2 = (T')^2$ であり、これを式 (6.38) により Σ 系の量で表すと、

$$0 = (x')^2 - (T')^2 = (AT + Bx)^2 - (CT + Dx)^2$$
$$= (A^2 - C^2)T^2 + (AB - CD)Tx - (D^2 - B^2)x^2$$

である。これと、最初から Σ 系で表した光線の方程式 $x^2 = (ct)^2 = T^2$ とは、定数倍を除き一致すべきである。よって、ある正の定数 h があり

$$A^2 - C^2 = D^2 - B^2 = \pm h \ ; \ AB - CD = 0$$

が成り立たねばならない。さらに式 (6.38) の付帯条件の 4 により、$A^2 > C^2$ および $D^2 > B^2$ だから、$\pm h$ の複号は+を選ぶ。また v が小さくなった極限では、$x = x'$ すなわち $A \to 1$ となるべきだから、$h = 1$ であり、結局

$$A^2 - C^2 = D^2 - B^2 = 1 \ ; \ AB - CD = 0 \tag{6.40}$$

となって、式 (6.36) と良く似た関係式が得られる。

以上より $|A| \geq 1$, $|D| \geq 1$ なので、2 つの正の数 Θ と Φ があり、今度は双曲線関数$^\lozenge$を用い、$A = \cosh\Theta$、$D = \cosh\Phi$ と書ける。双曲線関数は、三角関数の変数を $ix \to x$ としたもので、その概形を図 6.6（左）に、その性質を同図（右）に示す。これらと式 (6.40) の第 1 式、また同じ図にある双曲線関数の公式 $\cosh^2\Theta - \sinh^2\Theta = 1$ から^{*34}、$C = \pm\sinh\Theta$ および $B = \pm\sinh\Phi$ が導かれ、複号はすべての場合をとる。すると式 (6.40) の第 2 式と双曲線関数の加法定理（図 6.6）から、

$*34$　$x = \cosh\Theta$、$y = \sinh\Theta$ とおけば $x^2 - y^2 = 1$ という双曲線の式になることから、双曲線関数という名が付いたようである。

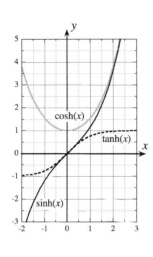

		三角関数	双曲線関数
表式		$\cos a = \frac{1}{2}[e^{ia} + e^{-ia}]$	$\cosh a = \frac{1}{2}[e^{a} + e^{-a}]$
		$\sin a = \frac{1}{2i}[e^{ia} - e^{-ia}]$	$\sinh x = \frac{1}{2}[e^{a} - e^{-a}]$
		$\tan a = \sin a / \cos a$	$\tanh a = \sinh a / \cosh a$
微分		$\cos' a = -\sin a$	$\cosh' a = \sinh a$
		$\sin' a = \cos a$	$\sinh' a = \cosh a$
		$\tan' a = 1/\cos^2 a$	$\tanh' a = 1/\cosh^2 a$
		$\cos^2 a + \sin^2 a = 1$	$\cosh^2 a - \sinh^2 a = 1$
加法定理 (複号同順)		$\cos(a \pm b) =$ $\cos a \cos b$ $\mp \sin a \sin b$	$\cosh(a \pm b) =$ $\cosh a \cosh b$ $\pm \sinh a \sinh b$
		$\sin(a \pm b) =$ $\sin a \cos b$ $\pm \cos a \sin b$	$\sinh(a \pm b) =$ $\sinh a \cosh b$ $\pm \cosh a \sinh b$
		$\tan(a \pm b) =$ $\dfrac{(\tan a \pm \tan b)}{(1 + \tan a \tan b)}$	$\tanh(a \pm b) =$ $\dfrac{(\tanh a \pm \tanh b)}{(1 + \tanh a \tanh b)}$
近似表式		$\cos a \approx 1 - a^2/2$ $\sin a \approx a - a^3/6$	$\cosh a \approx 1 + a^2/2$ $\sinh a \approx a + a^3/6$

図 **6.6** （左）双曲線関数 $\cosh x$、$\sinh x$、$\tanh x$ のグラフ。（右）三角関数と双曲線関数の基本性質のまとめ。$'$ は微分を表し、近似表式は $|x| \ll 1$ の場合。

$$0 = AB - CD = \pm(\cosh\Theta\sinh\Phi) \pm (\sinh\Theta\cosh\Phi)$$
$$= \pm\sinh(\Theta \pm \Phi)$$

となる。$\sinh\Theta = 0$ は $\Theta = 0$ の場合にのみ成り立つから $\Phi = \pm\Theta$ が得られ、

$$A = \cosh\Theta \; ; \; B = \pm\sinh\Theta \; ; \; C = \pm\sinh\Theta \; ; \; D = \cosh\Theta \;（複号同順）$$

と求められた。複号の負の方を選び、変換をあらわに書き下せば、

$$ct' = ct\cosh\Theta - x\sinh\Theta \; ; \; x' = -ct\sinh\Theta + x\cosh\Theta \; ; \; y' = y \; ; \; z' = z \qquad (6.41)$$

であり、これを y と z を省略して行列表示で書けば、

$$\begin{pmatrix} ct' \\ x' \end{pmatrix} = \begin{pmatrix} \cosh\Theta & -\sinh\Theta \\ -\sinh\Theta & \cosh\Theta \end{pmatrix} \begin{pmatrix} ct \\ x \end{pmatrix} \qquad (6.42)$$

となる。すぐわかるように逆変換は

$$\begin{pmatrix} ct \\ x \end{pmatrix} = \begin{pmatrix} \cosh\Theta & \sinh\Theta \\ \sinh\Theta & \cosh\Theta \end{pmatrix} \begin{pmatrix} ct' \\ x' \end{pmatrix} \qquad (6.43)$$

であり、順変換と逆変換を続けて（あるいは逆順に）施すと元に戻ることも確認してほしい♣。これらは、空間の回転を表す式 (6.1) および式 (6.2) ときわめて似た形をもち、三角関数が双曲線関数に置き換わっていることが重要である。こうして**光速度が不変という条件を満たすべく求めた時空座標系の変換がローレンツ変換 (Lorentz transform)** である。

見慣れた形のローレンツ変換

式 (6.43) は計算には便利だが、これまで学んだローレンツ変換と形が違うと思う読者も多いかもしれない。そこで、実数のパラメータ β を用い

$$\tanh\Theta \equiv \beta \quad (-1 \le \beta \le 1) \tag{6.44}$$

と置いてみよう[*35]。すると $\cosh^2\Theta = 1/(1 - \tanh^2\Theta)$♣ かつ $\cosh\Theta > 0$ であることと、$\sinh\Theta = \tanh\Theta\cosh\Theta$ から、

$$\cosh\Theta = \frac{1}{\sqrt{1 - \beta^2}} \quad ; \quad \sinh\Theta = \frac{\beta}{\sqrt{1 - \beta^2}}$$

が得られる。よって式 (6.42) は

$$\begin{pmatrix} ct' \\ x' \end{pmatrix} = \begin{pmatrix} \frac{1}{\sqrt{1-\beta^2}} & -\frac{\beta}{\sqrt{1-\beta^2}} \\ -\frac{\beta}{\sqrt{1-\beta^2}} & \frac{1}{\sqrt{1-\beta^2}} \end{pmatrix} \begin{pmatrix} ct \\ x \end{pmatrix} \tag{6.45}$$

となって、Σ' 系が Σ 系に対し、x 方向に速度

$$v = c\beta \quad \Leftrightarrow \quad \beta = \frac{v}{c} \tag{6.46}$$

で運動する場合の見慣れたローレンツ変換になる。また v の絶対値が光速度を超えないことも、式 (6.44) で自動的に保証される。速度 v をあらわに用いると、

$$t' = \frac{t - vx/c^2}{\sqrt{1 - (v/c)^2}} \approx t - \left(\frac{v}{c^2}\right)x \quad ; \quad x' = \frac{x - vt}{\sqrt{1 - (v/c)^2}} \approx x - vt \tag{6.47}$$

である。ここで $\approx$ は v/c の 1 次までの近似を表し、さらに **$c/v \to +\infty$** とすれば、**これはガリレイ変換に帰着する。**

[*35] この逆変換は $\Theta = 0.5\ln[(1-\beta)/(1+\beta)]$ で、その挙動は $(2/\pi)\tan(\pi\beta/2)$ に似る。両者をグラフに描いてみるとよい。

今まで無視していた y 座標と z 座標も含めて表示すれば、この変換行列は

$$L^\mu{}_\nu = \begin{pmatrix} \gamma & -\beta\gamma & 0 & 0 \\ -\beta\gamma & \gamma & 0 & 0 \\ 0 & 0 & 1 & 0 \\ 0 & 0 & 0 & 1 \end{pmatrix} \; ; \beta \equiv \frac{v}{c} \qquad (6.48)$$

と書ける。ここにローレンツ因子 (Lorentz factor) と呼ばれる無次元量を

$$\gamma \equiv \frac{1}{\sqrt{1-\beta^2}} \quad (\gamma \geq 1) \qquad (6.49)$$

で定義した。この行列は $L^\mu{}_\nu = L^\nu{}_\mu$ を満たす対称行列で、座標系の変換をテンソル形式で書くと、一般論の式 (6.25) と同様、以下のようになる:

$$x'^\mu = L^\mu{}_\nu x^\nu \qquad (6.50)$$

明らかに $\Theta = 0$ $(\beta = 0, \gamma = 1)$ の場合は、$L^\mu{}_\nu = \delta^\mu{}_\nu$ となって、単位テンソルになる。また 2 次元座標系の回転の場合、回転角 θ を $-\theta$ にすれば逆変換になるのだった。同様に β を $-\beta$ に（同じことだが Θ を $-\Theta$ に）入れ替えると、Σ' から Σ に戻るローレンツ逆変換の行列が

$$\tilde{L}_\nu{}^\mu = \begin{pmatrix} \gamma & \beta\gamma & 0 & 0 \\ \beta\gamma & \gamma & 0 & 0 \\ 0 & 0 & 1 & 0 \\ 0 & 0 & 0 & 1 \end{pmatrix} \qquad (6.51)$$

と得られ、それを用いると

$$x^\mu = \tilde{L}_\nu{}^\mu x'^\nu$$

である。順変換と逆変換を続けて施せば元に戻ることも、すぐ確認できる ♣。

6.2.3 ローレンツ変換の数学的性質

グラフ表示

図 6.7 は、時空座標系 $\Sigma(ct, x)$ と $\Sigma'(ct', x')$ の間のローレンツ変換を、$\beta = 0.6$

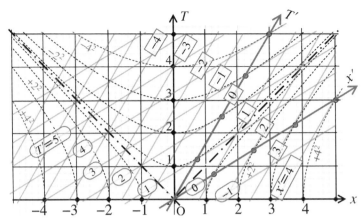

図 6.7 時空座標系 $\Sigma(ct, x)$（黒の矩形グリッド）および $\Sigma'(ct', x)$（灰色の斜交グリッド）の間のローレンツ変換を $T > 0$ の領域で示したもので、$\beta = 0.6$ を仮定。長丸で囲った数字は $ct' \equiv T'$ の座標値、四角で囲った数字は x' の座標値。一点鎖線は光の経路 $x = \pm ct \equiv \pm T$（$x' = \pm ct' \equiv \pm T'$）。点線の曲線群は、原点からの世界距離 s^2（p.35 で説明）が一定の双曲線で、s^2 の値も灰色で記入した。

$(\Theta = \ln 2 = 0.693)$ の場合についてグラフに表示したもので[36]、相対論の教科書でおなじみの図だろう。(ct, x) 系で見た x' 軸の方程式は、その問題設定から $ct = \beta x = x \tanh \Theta$ で表され、これは式 (6.47) で $t' = 0$ を解いても求められる。同様に ct' 軸の方程式は $ct = x/\beta = x \coth \Theta$ となる。図 6.6 のように、$\Theta \to +\infty$ $(\beta \to 1)$ では $\tanh \Theta$ も $\coth \Theta$ も 1 に漸近するから、Σ' 系の速度が上がると ct' 軸も x' 軸も $ct = x$ という光線の軌跡に漸近する。この様子を表したものが図 6.8(a) であり、β に対応する Θ の値も記入してある[37]。こうして β が増減すると、直線 $ct = x$ に対する T' 軸と x' 軸の開き角が変わり、それら軸上の格子点たちは、後に説明する双曲線群に沿って動いてゆく。この状況は、デカルト座標系を回転させるとき、座標軸の格子点たちが、原点を中心とする一群の同心円を描くことと同じである。

　ここで重要な注意がある。この図でも、また他の教科書での同様な図でも通常、(ct, x) を直交系、(ct', x') を斜交系として描いているが、その区別には何の根拠もなく、逆であってもかまわない。というのも空間的な 3 軸であれば、それらが直交しているか、図 6.4 のように斜交しているのか区別できるが、時間と空間は異な

---

[36] $(ct, x) = (3, 5)$ という世界点が、$(ct', x') = (0, 4)$ に変換されることなどを確認するとよい。

[37] Θ は x 軸と x' 軸のなす角ではなく、グラフで直読しにくい量であることに注意。

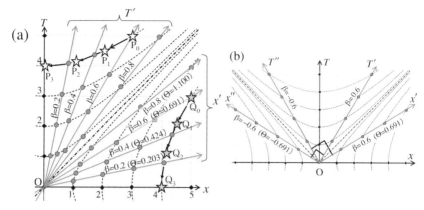

図 **6.8** ローレンツ変換の β 依存性。破線の双曲線群は、図 6.7 のものと同じ。(a) $\beta = 0.2$、0.4、0.6、および 0.8 により得られる座標軸を重ね描きしたもの。星印の点は §6.2.4 で引用する。(b) $\beta = 0.6$ での座標系 (T', x') と $\beta = -0.6$ での座標系 (T'', x'') を比較したもの。

る次元をもつ物理量であり、それらの軸が直交しているかという問いは、意味が（この段階では）不明だからである。さらに特殊相対論の基本として、互いに等速直線運動する系はすべて等価だから、偶然その1つで時間軸と空間軸が直交するように見えても、それは描き方だけの問題で、物理的な意味はもたない。もし仮に特別な物理的意味をもったなら、「絶対静止系」の復活になってしまう。

　上記の点の理解を深めるため、速度 $\beta > 0$ の系 Σ' : (ct', x') と $-\beta < 0$ の系 Σ'' : (ct'', x'') を重ねたものが、図 6.8(b) である。x' 軸と x'' 軸は ct 軸に関し反転対称で、ct' 軸も ct'' 軸もそうだから、x'' 軸と ct' 軸（T' 軸）は直交し*、ct'' 軸（T'' 軸）と x' 軸も直交する。すると Σ' と Σ'' は互いに双対な斜交座標系となるはずだ。この考えは数学的には正しい。たとえば図 6.7 で ct' 軸および x' 軸方向の単位ベクトルを (ct, x) 成分で表せば、$a \equiv (\cosh^2 \Theta + \sinh^2 \Theta)^{-1/2} = (\cosh 2\Theta)^{-1/2}$ として

$$\mathbf{e}_{t'} = (a \cosh \Theta, a \sinh \Theta) \quad ; \quad \mathbf{e}_{x'} = (a \sinh \Theta, a \cosh \Theta) \tag{6.52}$$

と表される。しかしこの双対性は Σ' と Σ'' の関係であって、Σ と Σ'（あるいは Σ と Σ''）の関係ではない[*38]。よって残念ながらこの双対性は、相対論でいう物理学的な共変・反変の双対性とは一致しない。そのことを以下で説明していこう。

[*38] Σ は、Σ' と Σ'' を定義する舞台を提供する劇場支配人だが、劇の出演者ではない。

ミンコフスキー時空

　これまで§6.1で論じてきた座標系は、直交系であれ斜交系であれ、基本的にユークリッド空間（三平方の定理が成り立つ）に埋め込まれていた。図6.7や図6.8では、$\sum$系がそれに当たる。ところがローレンツ変換が定義されているのは、もはやユークリッド空間ではなく、ミンコフスキー[39]空間 (Minkowski space) と呼ばれるものである。これは$M + N$次元の線形空間のうち、ベクトル$\vec{V}$の2乗長さが$-\sum_{j=1}^{M} V_j^2 + \sum_{k=M+1}^{M+N} V_k^2$で定義されるものである（$M = 0$ならユークリッド空間である）。とくに$M = 1$および$N = 3$の合計4次元をもち、かつ互いにローレンツ変換で行き来できる一群の線形空間を、「ミンコフスキー時空 (Minkowski space time)」あるいは「世界」と呼ぶ。その中の1点は「世界点 (world point)」と呼ばれ、世界点を連ねたものは1つの質点が時間とともに空間を渡り歩く経路を示すので、「世界線 (world line)」と呼ばれる。

　3次元ユークリッド空間では三平方の定理にもとづき、2点間の距離（の2乗）が不変に保たれ、$x^2 + y^2 + z^2 = x'^2 + y'^2 + z'^2$が成り立つ。これをミンコフスキー時空へと拡張すると、ローレンツ変換の式から簡単に導けるように[40]、

$$
\begin{aligned}
s^2 &\equiv -(ct')^2 + x'^2 + y'^2 + z'^2 \\
&= -(ct\cosh\Theta - x\sinh\Theta)^2 + (x\cosh\Theta - ct\sinh\Theta)^2 + y'^2 + z'^2 \qquad (6.53)\\
&= -(ct)^2 + x^2 + y^2 + z^2
\end{aligned}
$$

が成り立つ♣。よってこのs^2はローレンツ変換の不変量であり、「**世界距離 (world length)**」と呼ばれる[41]。それは通常の距離とは異なり、正にも負にもなりうる。この式は、ある世界点と座標系原点との関係を表すが、任意の世界点ペアの間でも同様に世界距離が定義でき、それはローレンツ変換で不変である。式 (6.53) でとくに **$s = 0$** とおいたものは光線のたどる世界線を表し、そこには光速度がローレンツ変換で不変に保たれるという条件が含まれる。

　簡単のため$y = y' = z = z' = 0$の場合を考えると、式 (6.53) は

$$
s^2 = -(ct')^2 + x'^2 = -(ct)^2 + x^2 \qquad (6.54)
$$

となる。よって図6.7に破線で示すように、s^2が一定という条件は(ct, x)平面で

---

[39]　Hermann Minkowski (1864-1909) は、リトアニア生まれのドイツ人数学者。図6.7はミンコフスキー空間をユークリッド空間に転写したものに過ぎない。

[40]　図6.6（右）にまとめた双曲線関数の公式を使えばよい。

[41]　厳密には「世界距離の2乗」だが、通例この表現を用いる。

表 6.1 ユークリッド空間とミンコフスキー時空の比較

線形空間の種類	計量と操作	計量テンソル	座標変換	関数	逆変換	双対空間
ユークリッド空間	距離; 内積	$g_{\mu\nu} = \delta_{\mu\nu}$	回転変換	三角関数	$\theta \Leftrightarrow -\theta$	自分自身
ミンコフスキー時空 (※)	世界距離; 世界積	$g_{00} = -1$, $g_{i\mu} = \delta_{i\mu}$	ローレンツ変換	双曲線関数	$\beta \Leftrightarrow -\beta$	$t \Leftrightarrow -t$ $x_i = x^i$

(※): (1+3) 次元の場合に限る。また i, j は空間部分の座標 (1, 2, 3) を表す。

双曲線群を表す。それらは光線の軌跡（世界線）$ct = \pm x$ を漸近線にもち、$s^2 > 0$ なら x 軸、$s^2 < 0$ なら ct 軸を軸にもつ。これらを含め、ユークリッド空間とミンコフスキー時空の比較を、表 6.1 にまとめる。

ミンコフスキー時空での「世界積」

ミンコフスキー時空で 2 つの世界点 P と Q の座標を (P^0, P^1, P^2, P^3) および (Q^0, Q^1, Q^2, Q^3) とするとき、ユークリッド空間での内積に似せて、それらの間に

$$P \circ Q \equiv -P^0 Q^0 + \sum_{i=1}^{3} P^i Q^i \tag{6.55}$$

という演算を定義し、それを本書だけの言い回しとして「世界積」と呼ぼう[42]。これは世界距離や世界線になぞらえた呼び方であり、通常の内積と比べ、第 0 成分（時間成分）の符号が逆転している。これを使えば式 (6.53) で定義された P 点の（原点からの）世界距離は $P \circ P$ であり、同様に 2 点間の世界距離は $(P - Q) \circ (P - Q) = (Q - P) \circ (Q - P)$ である。

3 次元ユークリッド空間において、ベクトル間の内積はスカラー関数なので、座標系を回転しても値を変えない。同様に **2 つの世界点ベクトル間の世界積は、ローレンツ変換で変化しない**。じっさい式 (6.41) のローレンツ変換で P と Q がそれぞれ P' と Q' に変換されたとすれば、式 (6.53) の計算とまったく同様に、

$$\begin{aligned} P' \circ Q' &= = -P'^0 Q'^0 + P'^1 Q'^1 + P'^2 Q'^2 + P'^3 Q'^3 \\ &= -P^0 Q^0 + P^1 Q^1 + P^2 Q^2 + P^3 Q^3 = P \circ Q \end{aligned} \tag{6.56}$$

が簡単に証明できるからである[43]。とくに式 (6.52) より、

---

[42] 他書では一般にこの名称は登場しない。数学的には「ミンコフスキー積」と呼ばれる。

[43] ここも双曲線関数の形で計算する方が容易である。

$$\mathbf{e}_{t'} \circ \mathbf{e}_{x'} = 0$$

が成り立ち、しかもこの性質はローレンツ変換で保存されるから、互いに等速直線運動するいずれの座標系においても、**時間軸と空間軸は世界積の立場で見ると直交している**。したがって図 6.7 のようにユークリッド空間に埋め込まれた状態で、ct 軸と x 軸は直交し、ct' 軸と x' 軸は斜交するように見えても、それは (ct, x) 系と (ct', x') 系の間に本質的な差があることは意味しない。

ミンコフスキー時空における計量テンソルと双対座標系

　デカルト座標系では、式 (6.27) で定義される計量テンソル g_{ij} は単位テンソルだから、わざわざそれを考える必要はなかった。ミンコフスキー時空でも上で見たように、時間軸と空間軸は世界積として直交し、また当然ながら異なる空間軸どうしは（世界積としても通常の内積としても）直交している。この性質は Σ' でも成り立つ。だからここでも、計量テンソルを考える必要はなさそうに思える。ところが式 (6.52) の $\mathbf{e}_{t'}$ に限っては、自分との世界積を計算すると、Θ によらず

$$g_{00} = \mathbf{e}_{t'} \circ \mathbf{e}_{t'} = -\cosh^2 \Theta + \sinh^2 \Theta = -1$$

となるので、計量テンソルは単位テンソルとは異なる。そこで式 (6.27) の内積を世界積に置き換えると、計量テンソルとして

$$g_{\mu\nu} \equiv \begin{pmatrix} -1 & 0 & 0 & 0 \\ 0 & 1 & 0 & 0 \\ 0 & 0 & 1 & 0 \\ 0 & 0 & 0 & 1 \end{pmatrix} = g^{\mu\nu} \tag{6.57}$$

が得られ、それを用いると世界距離は（$ct = x^0, x = x^1, y = x^2, z = x^3$ として）

$$s^2 = -(x^0)^2 + (x^1)^2 + (x^2)^2 + (x^3)^2 = g_{\mu\nu} x^\mu x^\nu \tag{6.58}$$

となる。さらに式 (6.26) に従い、双対な共変座標系 $\{x_\mu\}$ を

$$x_\mu = g_{\mu\nu} x^\nu \quad ; \quad x_0 = -x^0 \ , \quad x_j = x^i \ (j = 1, 2, 3) \tag{6.59}$$

と定義してやると、$x^\nu = g^{\mu\nu} x_\mu$ であり、世界距離の式 (6.58) は

$$s^2 = x_\mu x^\mu = x^\mu x_\mu$$

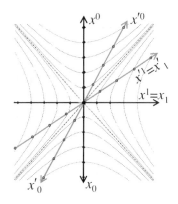

図 **6.9** 静止系の反変座標系 (x^0, x^1) と共変座標系 (x_0, x_1) に、運動系の反変座標系 (x'^0, x'^1) および共変座標系 (x'_0, x'_1) を重ねたもの。双曲線群は図 6.7 のものと同じ。

とスッキリ書くことができる。図 6.9 は、静止系と運動系について、反変座標系と共変座標系を重ねて示したものである。

四元スカラーと四元ベクトル

一般に、ミンコフスキー時空で定義された関数 $f(ct, \vec{r})$ が、時空のローレンツ変換で値を変えないとき、それを「四元スカラー」*44 と呼ぶ。世界距離は、代表的な四元スカラーである。

次に「四元ベクトル」を定義しよう。いま、ある 3 次元ベクトル $\vec{V}_s(ct, x, y, z)$ に対し、それと同じ次元をもつ量 $V_t(ct, x, y, z)$ を組み合わせ、4 次元ベクトル量 $V = (V_t, \vec{V}_s)$ を作ったとする。その成分がローレンツ変換にさいし、座標系と同じ変換行列 $L^\mu{}_\nu$ あるいはその逆行列 $\tilde{L}_\mu{}^\nu$ により、

$$V'^\mu = L^\mu{}_\nu V^\nu \quad \text{あるいは} \quad V'_\mu = \tilde{L}_\mu{}^\nu V_\nu \tag{6.60}$$

と変換されるなら、V は四元ベクトルであると呼ばれ、$L^\mu{}_\nu$ での変換なら反変ベクトル、$\tilde{L}_\mu{}^\nu$ の変換なら共変ベクトルである。式 (6.26) などと同様、ここでも任意の四元反変ベクトル V^μ と四元共変ベクトル W_ν に対し、それらに双対なベクトル

$$V_\nu = g_{\mu\nu} V^\nu \quad ; \quad W^\nu = g^{\mu\nu} W_\nu$$

が定義でき、$V_0 = -V^0$、$V_i = V^i$、$W_0 = -W^0$、$W_i = W^i$ $(i = 1, 2, 3)$ である。また U と V がともに四元反変ベクトルならば、それらの世界積は

---

*44 「4 スカラー」などと呼ぶこともある。

$$U \circ V = U^\mu g_{\mu\nu} V^\nu = U_\nu V^\nu = U^\mu V_\mu$$

と書ける。式 (6.56) と同様、$U \circ V$ はローレンツ変換で値を変えないので、四元ス
カラーである。共変ベクトルどうしの場合も同様である。とくに

$$V \circ V = V^\mu g_{\mu\nu} V^\nu = V_\mu g^{\mu\nu} V_\nu = V_\nu V^\nu = V^\mu V_\mu$$

は四元ベクトルの長さ（厳密には「2 乗長さ」ないし「長さの 2 乗」）と呼ばれる
四元スカラーである。このようにユークリッド空間での斜交座標系と同様、ミンコ
フスキー時空でも、反変と共変を対にして縮約をとる必要がある。

　こうしてミンコフスキー時空での計量テンソルを式 (6.57) のように定義し、そ
れを用いて、双対な共変座標系を式 (6.59) などで与えることにより、時間成分
（第 0 成分）だけ異なる扱いをしていた世界積が、従来の内積と同じ形に書かれ、
アインシュタインの規約が使えるようになった。これにより § 6.1 で相当数のペー
ジを費やして説明した反変性・共変性に関する知識が、一度は p.34 で必要がなく
なったように見えたけれど、めでたく意義を取り戻し活きることになった。

　世界点の座標 (ct, x, y, z) は最も基本的な四元反変ベクトルで、その（世界積と
しての）四元長さの 2 乗は世界長さの 2 乗 s^2 と同義である。他方、$f(x^\mu)$ が任意
の四元スカラーならば、その 4 次元の gradient にあたる $\{\partial f / \partial x^\nu\}$ が、順変換 $L^\mu{}_\nu$
ではなく逆変換 $\tilde{L}_\kappa{}^\lambda$ で変換されること、つまり四元共変ベクトルであることは、
式 (6.9) と同様に証明できる♣。応用として、式 (6.18) で行った全微分を再考しよ
う。任意の四元スカラー $f(x^\mu)$ について、ある世界点と隣接点の間での差を $\mathrm{d}f$ と
すれば、これも四元スカラーだから、座標に依存しない。他方それは一般的に

$$\mathrm{d}f = \left(\frac{\partial f}{\partial x^\mu}\right)\mathrm{d}x^\mu \tag{6.61}$$

と書かれ、そこには時間成分の符号反転というミンコフスキー時空の特殊性は表れ
ず、世界積の形にはなっていない。もうおわかりだろう、これは $\{\mathrm{d}x^\mu\}$ が四元「反
変」ベクトルなのに対し、$\{\partial f / \partial x^\nu\}$ は四元「共変」ベクトルであり、$\mathrm{d}f$ はそれら
の間の縮約だからである。このとき以下に注意されたい。

1. 何でも良いから、次元の同じ量 V_t と $\vec{V}_s$ を組み合わせれば、四元ベクトルになる、というわけではない。式 (6.60) に従うことが必要である[*45]。

2. V_t が 3 次元のスカラーでも、それが四元ベクトルの第 0 成分として V に組み込まれると、もはや四元スカラーではない。その好例は電荷密度や粒子のエネルギーであり、それぞれ電流密度および粒子の運動量ベクトルと組み合わされて四元ベクトルを構成する。

ユークリッド空間での共変/反変の双対性は、図 6.3 のように、座標系の斜交性にあったが、今回は少し状況が異なる。ミンコフスキー時空では、ベクトルの反変表現と共変表現では、時間成分の符号が反転するのみで、この反転が許されるのは、「光線逆行の原理」◇で代表されるように光の挙動が可逆なことに起因する。もっと言えば図 6.7 で、時間軸を上向きではなく下向きに選んでも、問題ない。そう考えるとミンコフスキー空間での双対性は、3 次元ユークリッド空間で 1 軸だけを反転し、右手系と左手系を入れ替えることに似た、時間反転の操作だといえよう。ただし右手系/左手系の場合、どちらかを選べばそれで統一的に物理現象が記述でき、両者を混ぜる必要はないのに対し[*46]、ミンコフスキー空間だと、両者がともに登場すると考えればよかろう。重要なのは、最初に選んだ座標系 (ct, x, y, z) を基準としたとき反変か共変かということであり、双対性は相対的である。

6.2.4　ローレンツ変換とその物理的な意味

これまでローレンツ変換の数学的な性質を、ミンコフスキー時空の立場で論じた。次にそこでの物理現象を考えると、多くの教科書で論じられている通り、速度の合成法則、運動物体のローレンツ収縮、運動する時計の遅れなどの現象が登場する。それらはしばしば、「相対論ではこんなに奇妙なことが起きる」というパラドックス的な側面を強調するのに使われる。しかし本書では（量子力学でもそうだったように）逆の立場をとり、光速度不変という原理から一歩ずつ理解してゆけば、これら諸現象が自然な帰結として無理なく導かれることを示したい。

[*45]　この条件の反例として、2 次元平面で単位速度で運動する質点の速度ベクトルを、誤って $(v_x, v_y) = (\mathrm{d}x/\mathrm{d}t, \mathrm{d}(x+y)/\mathrm{d}t)$ と定義してしまったとする。その「長さ」$(v_x^2 + v_y^2)^{1/2}$ は、質点が x 方向に運動するなら $\sqrt{2}$、y 方向に運動するなら 1 で、座標系の回転で保存されない。よってこの (v_x, v_y) は 2 次元ベクトルとみなされず、その長さも 2 次元スカラーではない。

[*46]　必要がないどころか、かえって混乱をきたす。

速度の合成

時空座標系 $\Sigma(T, x, y, z)$ に対し $\Sigma'(T', x', y', z')$ が x 方向に等速直線運動し、その変換の式 (6.42) が Θ で表されるとする。さらに $\Sigma'(T', x', y', z')$ に対して $\Sigma''(T'', x'', y'', z'')$ が x' 方向に等速直線運動し、その変換が Θ' で表されるとする。すると行列の掛け算と、双曲線関数の加法定理（図 6.6）から

$$
\begin{pmatrix} T'' \\ x'' \end{pmatrix} = \begin{pmatrix} \cosh\Theta' & -\sinh\Theta' \\ -\sinh\Theta' & \cosh\Theta' \end{pmatrix} \begin{pmatrix} \cosh\Theta & -\sinh\Theta \\ -\sinh\Theta & \cosh\Theta \end{pmatrix} \begin{pmatrix} T \\ x \end{pmatrix}
$$

$$
= \begin{pmatrix} \cosh(\Theta' + \Theta) & -\sinh(\Theta' + \Theta) \\ -\sinh(\Theta' + \Theta) & \cosh(\Theta' + \Theta) \end{pmatrix} \begin{pmatrix} T \\ x \end{pmatrix}
$$

が導かれ♣、Σ から Σ'' への変換は $\Theta + \Theta'$ で記述されることを知る。そこで Θ と Θ' に対応する速度を $c\beta$ および $c\beta'$ とすれば、式 (6.44) より $\tanh\Theta = \beta$ および $\tanh\Theta' = \beta'$ なので、合成された速度 $c\beta''$ は $\tanh$ 関数の加法定理から、

$$
\beta'' = \tanh(\Theta' + \Theta) = \frac{\tanh\Theta' + \tanh\Theta}{1 + \tanh\Theta' \tanh\Theta} = \frac{\beta' + \beta}{1 + \beta'\beta} \tag{6.62}
$$

と表現され♣、これが良く知られた速度の合成則である。一般に $\tanh X$ は変数 X の単調増加関数で $-1 \leq \tanh X \leq 1$ を満たすから、$\beta > 0, \beta' > 0$ とすれば、

$$
\beta < \beta'' < 1 \quad ; \quad \beta' < \beta'' < 1
$$

となる。よって合成された速度は、合成前のどちらの速度よりも大きいが、決して光速度には達しない。すなわち特殊相対論によれば、いかなる慣性座標系においても、**物体が光速度を超える運動を行うことは許されない**。

図 6.10 は、式 (6.62) をグラフ化したもので、β と β' から合成速度 β'' が直読でき、便利である。たとえば系 Σ に対し $\beta = 0.8$ で動く物体を、Σ に対し $\beta' = 0.4$ で動く系 Σ' から追いかける場合は、まず Σ' から $\Sigma \wedge \beta' = -0.4$ で移り、それに $\beta = 0.8$ を加算すれば良く、結果は $\beta'' \approx 0.6$（正確には 0.588）と読める。

「空間的領域」と「時間的領域」

ガリレイ変換では、互いに等速直線運動する複数の座標系が時間を共有するから、2 つの事象が同時か、どちらが先かなどは、座標系によらず一意に決まる。しかし相対論では時間と空間が混じり合うので、事情が異なる。それを考えるのに先立ち、1 つの慣性系では時間が 1 つに決まることを確認しておこう。それには空間の各点に置かれた多数の時計が、時刻原点を共有し、かつ同じ進み方をするよう調

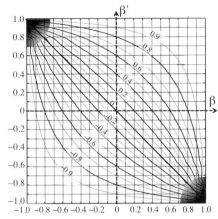

図 **6.10** 速度の加算に関する、式 (6.62) のグラフ表示。横軸は β、縦軸は β' で、等高線は β'' を示す。左上隅と右下隅は、特異点のため計算が不正確である。

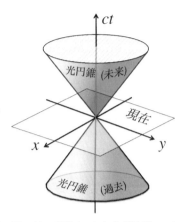

図 **6.11** 空間 (x, y) および時間 ct で考えたときの、光円錐。円錐内部が時間的領域、外部が空間的領域で、時間的領域は未来と過去に分かれる。

整できればよい。これは座標原点と任意の点に一対の鏡を置き、その間で光パルスを何回か往復させることで行われる。詳細は宿題とする♣。時計を 1 ヶ所に持ち寄って時刻合わせを行うと、加速度運動が加わるので不適切である。

図 6.8(a) で、Σ 系の $x = 0$ にいる剛腕投手が、$T = 0$ で $+x$ 方向に速度 $\beta' = 0.6$ でボールを投げた。原点 O が、この投球という事象を表す。ボールは $x = 3$ にいる捕手により $T = 5$ で捕球されたとし、その事象を世界点 P_0（星印）で表す。一連の動きを、Σ 系に対し速度 $c\beta$ で $+x$ 方向に等速直線運動する系 Σ' から見ると、Σ が $-\beta$ で運動し、それに対しボールが $\beta' = 0.6$ で飛ぶので、式 (6.62) の説明で用いたものと同じ速度合成になる。その結果、系 Σ' から見た捕球事象は図 6.8(a) で $s^2 = $ 一定の双曲線の上を左に動き、$\beta = 0.2$、0.4、0.6 のとき、β'' はそれぞれ 0.45、0.26、0 となって♣、世界点は P_1、P_2、P_3 にくる。P_3 は系 Σ' の運動がボールと等速な場合であり、$\beta > \beta'$ だと、捕球事象の世界点は $x < 0$ にくる。しかし双曲線の特徴から、その時刻はつねに ≥ 4 なので、「投手が投げ捕手が捕球する」という因果関係は保存される。投手と捕手の世界位置を入れ替え、捕手による捕球が原点 O で起きるとしてもよく、その場合には投手の投球事象は、双曲線の $T < 0$ の部分（図からは、はみ出す）の上を移動する。この場合も投球と捕球の因果関係は、保たれる。

このようにミンコフスキー時空で $s^2 \leq 0$ の領域は、**原点と因果関係をもつこと**ができるので、原点から見て「**時間的領域 (time-like domain)**」と呼ばれる。これに対し $s^2 \geq 0$ の領域は、「空間的領域 (space-like domain)」と呼ばれ、これら 2 つの領域の境界が、光線の描く世界線 $ct = \pm x$ となる。空間を (x, y) の 2 次元に拡張して同じ考察を行うと、図 6.11 になる [47]。すなわち原点を通り (x, y) 平面内を伝搬する光線のミンコフスキー時空での世界線は、

$$-(ct)^2 + x^2 + y^2 = 0$$

で表される。これは、原点を頂点とする円錐を表し、光円錐 (light cone) と呼ばれ、個々の光線はその母線となる。光円錐の内部が時間的領域で、それは原点から見て過去 ($ct < 0$) と未来 ($ct > 0$) の領域に二分される。光円錐内の任意の世界点 P に対し、2 次元での速度 $(c\beta_x, c\beta_y)$（ただし $\beta_x^2 + \beta_y^2 < 1$）を適切に選びローレンツ変換すれば、得られた座標系 Σ' の時間軸が O と P を通り、事象 P が O と同じ空間位置で起きるよう設定できる。これが「因果関係をもつ」ことの意味である。先ほどの投球の例では、ボールと同じ速度で運動する座標系を Σ' とすればよい。

図 6.8(a) で世界点 Q_0 は、$s^2 > 0$ の空間的領域に属する。それは $T = 3$ の未来にあるが、世界点 P_0 に対して行ったように運動系から見ると、その β が増えるにつれ双曲線上を $Q_1, Q_2, \ldots$ と下方に移動し、$\beta = 0.6$ の系から見ると O と同時刻になり (Q_3)、さらに β が上がると過去の事象になってしまう。ローレンツ変換により原因と結果が逆転してはまずいので、**世界点 O と Q の間には、因果関係は存在できず、時間的な前後関係は、決められない**。たとえば空間領域の世界座標 (T, x) をもつ世界点 Q が、「x にある時限爆弾が時刻 T で爆発する」という事象を表すとしよう。$T > 0$ なら静止系で見て未来の事象だが、$|x|$ が遠いわりに爆発までの時間 T が短かすぎ、爆弾のスイッチを切ろうと原点から光速度以下で急行しても間に合わない。$T < 0$ だと爆発はすでに起きているが、現時点 ($T = 0$) ではその影響が、光速度以下で走って、まだ $x = 0$ に到達していない [48]。

運動する物体のローレンツ収縮

図 6.12(a) は、長さ 1 のプラットフォーム（Σ 系）を、静止時に同じく長さ 1 をもつ高速列車（Σ' 系）が通過する状況を表す。先述の方法で時刻を揃えた一群の

---

[47] もちろん本来は (x, y, z) で考えたいのだが、それだと図に描けない。

[48] もっと後の時刻に爆発の影響が $x = 0$ に到達しても、それは世界点 O での事象ではない。

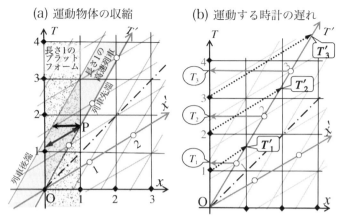

図 6.12 (a) ローレンツ変換に伴う、運動する物体のローレンツ収縮。(b) 同じく運動する時計の遅れ。座標系はともに図 6.7 のものの一部。詳細は本文参照。

時計 T をプラットフォームの各所に、また同様に時刻を揃えた別の時計たち T' を列車の各所に配備する。世界点 P は、列車先端がプラットフォームの先端と一致する事象を表す。そのとき静止系の時計で測ると、図の水平な黒矢印が示すように、列車後端はすでにプラットフォームに進入ずみで、列車は 1 より短く見える。逆に列車の時計で見ると、このとき列車後端はまだプラットフォーム後端に未到達で、右上りの灰色矢印のように、プラットフォームは 1 より短く見える。これが「ローレンツ収縮 (Lorentz contraction)」であり、**互いに等速直線運動する 2 つの系では、どちらから見ても、相手の系に固定された物体の長さが縮んで見える。**

数式でも確認しよう。一対の世界点を考え、それらの差を表す世界距離ベクトルを静止系で $(\Delta T, \Delta x)$、運動系で $(\Delta T', \Delta x')$ とすると、式 (6.48) より

$$\Delta T' = \gamma(\Delta T - \beta\Delta x) \quad ; \quad \Delta x' = \gamma(\Delta x - \beta\Delta T) \tag{6.63}$$

である。静止系を基準に考える場合には、地上の時計群による同時計測として $\Delta T = 0$ とすべきだから、第 2 式よりただちにローレンツ収縮を表す式

$$\Delta x = \gamma^{-1}\Delta x' = \sqrt{1 - \beta^2}\,\Delta x' \quad \text{(静止系から見て)} \tag{6.64}$$

が得られる[*49]。このとき Δ が意味するのは、ある T で列車の先頭がある位置にい

---

*49 このとき Δx と $\Delta x'$ を逆に扱わないこと。

るという事象と、列車の末尾が同じ T でそれに近い位置にあるという事象の世界距離であり、図 6.12(a) の水平な黒矢印で表される。

次に運動系で考えると、今度は式 (6.63) の第 1 式で $\Delta T' = 0$（列車内の時計群での同時測定）だから、$\Delta T = \beta \Delta x$ であり、それを第 2 式に入れると

$$\Delta x' = (1 - \beta^2)\gamma\Delta x = \sqrt{1 - \beta^2}\,\Delta x \quad (\text{運動系から見て})$$

という逆の関係が求まる。式 (6.64) では列車の先頭と末尾の世界距離、式 (6.64) ではプラットフォームの両端の世界距離を扱っているので、2 つの式で Δx や $\Delta x'$ の意味が異なることに注意されたい[*50]。

ローレンツ収縮は、物体の運動方向だけに起き、直交する 2 つの空間方向には発生しない。よって体積 $\mathcal{V}'$ の物体が観測者に対し運動すると、その体積は、

$$\mathcal{V} = \sqrt{1 - \beta^2}\,\mathcal{V} \tag{6.65}$$

に縮んで見える。結果として、質量密度や電荷密度は、3 次元ではスカラーだが四元スカラーではなく、四元ベクトルの時間成分になる (§ 6.3.1)。

運動する時計の遅れと固有時間

ローレンツ収縮と並んで良く知られた相対論的現象が、「運動する時計の遅れ」であり、図 6.12(b) で図解される。いま系 Σ' の位置 $x' = 0$ に固定され、Σ 系に対して運動する鳩時計があり、単位時間ごとにポッポと鳴く。鳴いた時刻を、そのとき鳩時計がいた位置での静止系の時計で測る。すると図の丸い吹き出しで示した $T_1, T_2, T_3, \ldots$ という間隔になり、Σ 系での単位周期 ($= 1$) より間延びする。逆に、単位時間ごとに鳴く鳩時計が、静止系の $x = 0$ に置かれていて、それが鳴いた時刻を、運動系の各所に置かれた時計のうち、鳩時計と同じ位置にあるもので計測する。すると図の四角い吹き出しで示した $T'_1, T'_2, T'_3, \ldots$ となり、これは系 Σ' での単位時間より長い。すなわちどちらの系から見ても、**相対的に等速度運動している時計の進みかたは、遅く見える。**

今回も数式で確認しよう。鳩時計が鳴いて次に鳴くまでの世界距離は、

$$s^2 = -(\Delta T)^2 + (\Delta x)^2 = -(\Delta T')^2 + (\Delta x')^2$$

で与えられる。鳩時計が運動している場合、$\Delta x' = 0$ なので $(\Delta T')^2 = (\Delta T)^2 -$

[*50] だから、これら 2 式を連立させたりすると、おかしなことになってしまう。

$(\Delta x)^2$ であり、さらに $\Delta x = v \Delta t = \beta \Delta T$ だから、結局 $(\Delta T')^2 = (1 - \beta^2)(\Delta T)^2$ を得る。鳩時計が静止している場合も同様で♠、両者を合わせ

$$\Delta T' = \pm \sqrt{1 - \beta^2}\,\Delta T \quad (\text{運動する時計を静止系から見て})$$
$$\Delta T = \pm \sqrt{1 - \beta^2}\,\Delta T' \quad (\text{静止した時計を運動系から見て}) \tag{6.66}$$

となって図解の結果が確認できる。このとき Σ と Σ' で、共変/反変の選び方が同じなら複号は+、一方が反変で他方が共変なら − になる。

式 (6.66) では、ΔT と $\Delta T'$ の役割を誤認しやすい。そこで、物体が静止している系で測定した時間を、その物体の「固有時間 (proper time)」と呼び、τ で表す。式 (6.66) の第 1 式では $T'/c = t'$、第 2 式では $T/c = t$ が固有時間となるから、複号の+を選び、もはや Δ は取り去ると、一本化して書くことができ、

$$\tau = \sqrt{1 - \beta^2}\,t \quad \Leftrightarrow \quad t = \gamma \tau \tag{6.67}$$

となる。よって**観測者の系で時間 t が経過しても運動物体の固有時間 τ はあまり経過せず、逆に運動物体の固有時間 τ が経過する間に観測者系の時間 t はより多く経過する。式 (6.49)** のローレンツ因子 γ は、t と τ の比とみなせる。

固有時間 τ は世界距離 s^2 と不可分の関係にある。いま $t = 0$ で静止系 Σ と運動系 Σ' の時間原点および空間原点が一致していたとし、その世界点を O とする。時間 t だけ経過したとき、Σ' 系の空間原点の世界座標は、Σ' では $(c\tau, 0, 0, 0)$ だが、Σ で見ると (ct, x, y, z) になっている。そして O から見たその世界距離は座標系によらないから、$s^2 = -(ct)^2 + x^2 + y^2 + z^2 = -(c\tau)^2$ が成り立つ。これは

$$(\mathrm{d}s)^2 = -(c\,\mathrm{d}\tau)^2 \quad \text{あるいは} \quad (\mathrm{d}s/\mathrm{d}\tau)^2 = -c^2$$

という微分形で書くこともでき♠、重要な関係となる。

ミューオンの寿命

高速列車、豪腕投手、鳩時計などは、説明のため持ち出した小道具だが、作り話っぽいので、そうした相対論的効果がリアルな物理現象に現れているか、疑問に感じるかもしれない。そこで現実の話題として、宇宙線ミューオン（ミュー粒子；記号は μ）を採り上げよう。第 2 巻の §4.2.3 や §4.3.8 で登場したミューオンは、電子の約 207 倍の質量と ± 1 の電荷をもつレプトン°で、「電子の重い姉妹」と呼ばれ、その発見については、§6.4.5 で触れる。宇宙のどこかで 10^{10} から 10^{20} eV にまで加速された一次宇宙線（第 2 巻の §4.3.8 参照）が太陽系に侵入し、その主成

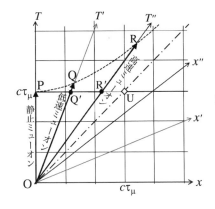

図 **6.13** ミンコフスキー時空で表現したミューオンの寿命。破線の曲線は s^2 が一定の軌跡で、用いた仮定は本文を参照。P、Q、R は、それぞれ静止ミューオン、低速ミューオン、および高速ミューオンの崩壊点で、Q′ および R′ は相対論が働かない場合の崩壊点、U はその条件下で、光速度で飛べる最大飛程。

分である陽子が地球大気の原子核と衝突すると[*51]、地上高度 ～ 15 km で二次宇宙線としてミューオンが生成され、それらは高速で地上に降ってくる。

さまざまな不安定素粒子♡のうち、ミューオンの平均寿命は例外的に長く

$$\tau_\mu = (2.197\,034 \pm 0.000\,021) \times 10^{-6} \text{ s}$$

である。平均寿命は、粒子の固有時間の経過で決まる。よってもし相対論が働かなければ、光速度で走っても、ミューオンは崩壊までに $c\tau_\mu \approx 660$ m しか飛べないはずだが、じっさいにはその ～ 20 倍もの高度で発生したミューオンが地上まで到達しており、これは「運動する時計が遅れる」効果そのものである。じっさい、上空で生じたミューオンが $\beta \approx 0.999$ をもてばローレンツ因子は $\gamma \approx 22$ なので、式 (6.67) により、粒子の固有時間が τ_μ だけ経過する間に観測者の時計は ≈ $22\,\tau_\mu$ も経過し、ミューオンが少なくとも ～ $20\,c\tau_\mu$ まで飛ぶという事実が説明できる[*52]。

ミューオンとともに運動する系から見ると、同じ現象に別の説明も可能である。すなわち高速で飛ぶ粒子にとって、前面展望として飛び込んで来る地上の景色は進行方向に強くローレンツ収縮を受け、短くなっているので、固有時間が τ_μ だけ経過する間に、十分に地上まで到達できるのである。

この問題を (ct, x) 平面に表すと、図 6.13 になる。平均寿命 τ_μ をもつ粒子の崩壊

[*51]　たとえば p（宇宙線）+p（大気原子核）→ p+n+π^+ などで粒子 π^+ が作られ、π^+ → μ^++ν_μ と崩壊する過程などが効く。n は中性子、ν_μ はミューオンニュートリノを示す。

[*52]　宇宙物理学を専門としていると、一般講演会やオープンキャンパスで、「相対論は間違っている」と主張する人に議論を持ちかけられることがある。そのときはよくミューオンの事例を出して説明するのだが、それでもなかなか納得してもらえないことが多い。

確率は $\exp(-t/\tau_\mu)$ に比例するが、ここでは簡単のため、ミューオンはすべて世界座標の原点 O で生まれ、しかも固有時間 $\tau = \tau_\mu$ で必ず崩壊すると考える。生じたミューオンが静止していれば、時間 τ_μ の後、世界点 P で崩壊する。低速ミューオンの場合、時空がガリレイ変換で記述されるなら崩壊は世界点 Q′ で起きるが、実際には Q 点まで飛行できる。粒子がより高速になると R まで飛行でき、それは相対論なしに考えたときの最大到達点である世界点 U を、飛行距離にして超える。

この実例は、相対論的効果を理解する重要な視点を提供してくれる。式 (6.54) は今の場合、

$$(ct)^2 - x^2 = \tau_\mu^2$$

と書けるので、**粒子が高速になるとき、ローレンツ変換により、時間成分の 2 乗 $(ct)^2$ と空間成分の 2 乗 x^2 が、その差を一定に保ちつつ、競いあって増大すること**がわかる。その好例が、§6.4 で述べる質点のエネルギー（＝時間成分）と運動量（＝空間成分）の関係である。ユークリッド空間での回転操作はこれと対照的で、ベクトルのある成分の 2 乗が増えたら、必ず別の成分の 2 乗が減らねばならない。

6.3　電磁気学の相対論的な表現

特殊相対論の基本は、光速度不変の原理にある。よって光速度を表す基本法則として、電磁気学のマクスウェル方程式系は、もともと特殊相対論と適合する理論体系となっており、それらはローレンツ変換を行っても形を変えないはずである [*53]。しかし通常の電磁気学の表現では、このことは直観できず、たとえばローレンツ変換で電場や磁場のベクトルがどう変換されるか、まだ明らかではない。そこで本節ではマクスウェル方程式系を、特殊相対論との整合性が見やすい四元形に表現し直すことにする [*54]。

6.3.1　電荷電流密度の四元ベクトル

四元ベクトルの良い例として、空間電荷密度 ρ_e と 3 次元の電流密度ベクトル $\vec{j} = \rho_e \vec{w}$ から作られる、電荷電流密度ベクトル

[*53]　これは、ニュートンの運動方程式がガリレイ変換で形を保つが、ローレンツ変換を行うと形が崩れてしまう（§6.4）ことと対照的である。

[*54]　書き直すのは方程式系の表現方法であり、物理的な意味内容は、影響を受けない。

$$J^\mu = (\rho_e c, \vec{j}) = (\rho_e c, \rho_e \vec{w}) \tag{6.68}$$

を考えよう。ここに $\vec{w}$ は、電荷分布の重心が移動する 3 次元速度である。この J^μ が四元ベクトルであれば、ローレンツ変換の式 (6.45) より、$J'^\mu = L^\mu{}_\nu J^\nu$ が成り立つはずである。より具体的に、ある系 Σ から x 方向に速度 $v = \beta c$ で運動する系 Σ' に乗り移ったとき、引き続きローレンツ因子を γ として

$$J^\mu = (\rho_e c, j_x, j_y, j_z) \;\Rightarrow\; J'^\mu = (\gamma\{\rho_e c - \beta j_x\}, \gamma\{j_x - \rho_e v\}, j_y, j_z) \tag{6.69}$$

という変換が成り立つと期待されるので、この式を確認できればよい。あわせて、ベクトルの（世界積としての）四元長さ（の 2 乗）が不変なことも確認したい。電荷が運動すれば電流が発生するから、ρ_e が $\vec{j}$ に混ざり込む現象はガリレイ変換でも起きる。よって要点は、なぜ変換により $\vec{j}$ が ρ'_e に混ざり込むかを理解することである。簡単のため以下では、3 つの単純な場合を考える。

最初に電流分布が 0 な場合

1 番目の例として、Σ で見て一様な正電荷の密度分布 ρ_{e0} があり、その平均速度が各点で 0 で、負電荷は存在しない場合を考えよう[*55]。すると $\vec{j} = 0$ だから、$J^\mu = (\rho_{e0}c, 0, 0, 0)$ である。これを系 Σ' から観測したものに $'$ をつけると、ローレンツ収縮（式 6.65）により体積が減るのに反比例して電荷密度は増え、$\rho'_e = \rho_{e0}/\sqrt{1-\beta^2} = \gamma\rho_{e0}$ となる。また Σ' 系では、この正電荷密度 ρ'_e が相対速度 $\vec{w} = -v\mathbf{e}_x$ で流入してくるので、電流密度 $\vec{j}' = -\rho'_e v\mathbf{e}_x = -\gamma\rho_{e0}v\mathbf{e}_x$ が生じ、

$$J'^\mu = (\rho'_e c, \vec{j}') = (\gamma\rho_{e0}c, -\gamma\rho_{e0}v\mathbf{e}_x) = \left(\frac{\rho_{e0}c}{\sqrt{1-\beta^2}}, -\frac{\rho_{e0}v\mathbf{e}_x}{\sqrt{1-\beta^2}}\right)$$

が得られる。これは確かに、式 (6.69) で $j_x = 0$ および $\rho_e = \rho_0$ と置いた場合に一致する。また J'^μ の四元長さは $v = \beta c$ より、

$$J'^\mu \circ J'^\mu = -(\rho'_e c)^2 + (\vec{j}')^2 = \frac{\rho_{e0}{}^2 c^2(-1+\beta^2)}{1-\beta^2} = -(\rho_{e0}\,c)^2$$

となる。これは J^μ の四元長さに一致するから、電荷密度ベクトルの四元長さ（の 2 乗）はローレンツ変換で変わらない。

[*55] このとき巨大なクーロン反発力が生じるが、今それは無視する。

最初に正味の電荷密度分布が **0** な場合

今度は Σ 系で見て、正の電荷密度 $\rho_{\mathrm{e}+}$ は速度 $+v_0$ で、負の電荷密度 $\rho_{\mathrm{e}-} = -\rho_{\mathrm{e}+}$ は速度 $-v_0$ で、x 方向の反対向きに運動するとする。Σ での正味の電荷密度は $\rho_{\mathrm{e}+} + \rho_{\mathrm{e}-} = 0$ で消える。また電荷静止系での電荷密度を $\rho_{\mathrm{e}0}$ とし、$v_0/c = \beta_0$ および $\gamma_0 \equiv 1/\sqrt{1-\beta_0^2}$ とすれば、先ほどと同じ考察で $\rho_{\mathrm{e}\pm} = \pm\gamma_0\rho_{\mathrm{e}0}$（複号同順）だから

$$j_x = \gamma_0\left[\rho_{\mathrm{e}0}v_0 + (-\rho_{\mathrm{e}0})(-v_0)\right] = 2\gamma_0\rho_{\mathrm{e}0}v_0 \equiv K$$

であり、略号 K を定義した。よって電荷電流密度ベクトルの (ct, x) 成分は、

$$(c\rho_{\mathrm{e}},\, j_x) = (0,\, K) \tag{6.70}$$

となり、またその四元長さは以下である：

$$J^\mu \circ J^\mu = -(c\rho_{\mathrm{e}})^2 + (j_x)^2 = K^2 \tag{6.71}$$

ここで Σ に対し、x 方向に速度 $v_1 = \beta_1 c$ で運動する系 Σ' を考え、$0 < v_1 < v_0$ としよう[*56]。Σ' で見た正負の電荷の連動速度は、速度の加法定理から

$$v'_+ = \frac{(\beta_0 - \beta_1)c}{1 - \beta_0\beta_1} \;\;;\;\; v'_- = -\frac{(\beta_0 + \beta_1)c}{1 + \beta_0\beta_1}$$

と与えられる♣。よって Σ' で見た正電荷の密度は、ローレンツ収縮により

$$\rho'_{\mathrm{e}+} = \frac{\rho_{\mathrm{e}0}}{\sqrt{1-(v'_+/c)^2}} = \frac{\rho_{\mathrm{e}0}}{\sqrt{1-(\beta_0-\beta_1)^2/(1-\beta_0\beta_1)^2}} = \gamma_0\gamma_1(1-\beta_0\beta_1)\rho_{\mathrm{e}0}$$

であり♣、$\gamma_1 \equiv 1/\sqrt{(1-\beta_1^2)}$ とおいた。よって正電荷が作る電流密度は、

$$j'_+ = v'_+\rho'_{\mathrm{e}+} = \gamma_0\gamma_1(\beta_0-\beta_1)\rho_{\mathrm{e}0}c$$

となる。負電荷については $\rho_{\mathrm{e}0}$ と β_0 の符号を反転すればよいので、結局

$$\rho'_{\mathrm{e}}c = (\rho'_{\mathrm{e}+} + \rho'_{\mathrm{e}-})c = \gamma_0\gamma_1\left\{(1-\beta_0\beta_1) - (1+\beta_0\beta_1)\right\}\rho_{\mathrm{e}0}c = -\gamma_1\beta_1 K$$

$$j'_x = j'_+ + j'_- = \gamma_0\gamma_1\left\{(\beta_0-\beta_1) + (\beta_0+\beta_1)\right\}c\rho_{\mathrm{e}0} = \gamma_1 K$$

が得られ♣、Σ' での電荷電流密度ベクトルの (ct', x') 成分は

$$(c\rho'_{\mathrm{e}}, j'_x) = (-\gamma_1\beta_1 K,\, \gamma_1 K)$$

と求まる。これは式 (6.69) で $\rho_{\mathrm{e}} = 0$、$\gamma = \gamma_1$、$\beta = \beta_1$ とし、式 (6.70) からの $j_x =$

K を代入した場合に一致するので♠、確かにローレンツ変換に従って変換されていることがわかる。この四元ベクトルの長さは

$$J'^{\mu} \circ J'^{\mu} = -(c\rho'_e)^2 + (j'_x)^2 = \gamma_1^2(1 - \beta_1^2)K^2 = K^2$$

となって式 (6.71) に等しいので、それが座標によらないことが確認された。こうして Σ 系では正負の電荷が打ち消しあい、$\rho_e = 0$ だったが、Σ' 系で見ると**負電荷の方が正電荷より大きな相対速度をもち、より強くローレンツ収縮を受ける結果、負電荷密度が正電荷密度より高まり、$\rho'_e < 0$ が生じる**わけで、電流密度がローレンツ変換で電荷密度に影響を及ぼす物理的な機構がわかった[*57]。

　以上、2 つの限定的な場合を考えたが、より一般的な場合も、それらの線形の組み合わせに帰着できる。したがって式 (6.69) が成り立ち、電荷電流密度ベクトルは四元反変ベクトルであること、またその長さ（の 2 乗）はローレンツ変換に対して不変な四元スカラーであることが確認できた[*58]。一般的に、電荷電流密度ベクトルの 2 乗長さは

$$g_{\mu\nu}J^{\mu}J^{\nu} = J^{\mu}J_{\mu} = 一定 \tag{6.72}$$

と書かれ、$J_{\nu} = g_{\mu\nu}J^{\mu}$ は、自然な反変表現 $\{J^{\mu}\}$（式 6.69）の第 0 成分のみ逆符号にした、双対な四元共変ベクトルである。

運動方向と直交する電流がある場合

　3 番目に、Σ で y 方向に電流密度 j_y が流れ、$j_x = j_z = 0$ であるとき、電流と直交する x 方向に運動する系 Σ' で見るとどうなるだろう。電荷密度と x 方向の電流が混じることはすでに見た通りだから、ここでは y' 方向の電流密度 j'_y が問題となる。直観的には x 方向のローレンツ収縮により、y 方向を向いた電流密度ベクトルどうしの間隔が狭まり、$|j'_y| > |j_y|$ となると期待される。あるいは x 方向の運動により電荷密度が増え、それに比例して y 方向の電流も増えると考えてもよい。ところがローレンツ変換の式 (6.69) では $j'_y = j_y$ である。これは矛盾ではないか？

　実は今の場合、Σ' で見ると電流を担う荷電粒子の動きは純粋な y 方向ではなく

[*57]　ガリレイ変換ではローレンツ収縮が起きないので、変換により電流密度が電荷密度に影響することはない。これはガリレイ変換では、時間が場所によらないことと同意義である。

[*58]　一般的な数式で証明するだけでなく、このように単純な設定で具体的な計算を行うことは、物理を肌で納得する上で有効である。

なり*[59]、0 でない x' 成分が現れ、それを含めたときに $|j'| > |j|$ となるのである。そして電荷密度の 2 乗の増分と新たに生じた $(j'_x)^2$ とが、世界積で打ち消しあい、結果として $j'_y = j_y$ は不変に保たれるので、確認してほしい ♣。

電荷の保存法則

　第 1 巻の §2.2.4 で扱った電荷の保存法則（電流の連続の式）は、電荷が不生不滅であることから導かれ、同じく §2.4.3 で示したように、マクスウェルの方程式系に内在している。それは四元形では 3 次元の divergence の拡張として

$$0 = \frac{\partial \rho_{\mathrm{e}}}{\partial t} + \mathrm{div}\ \vec{j} = \frac{\partial \rho_{\mathrm{e}} c}{\partial ct} + \mathrm{div}\ \vec{j} = \frac{\partial J^{\mu}}{\partial x^{\mu}} = \mathcal{D}_{\mu} J^{\mu} \tag{6.73}$$

と表現できる。ここに $\mathcal{D}_{\mu} \equiv \{\partial/\partial x^{\mu}\}$ は、gradient を拡張した共変表示の微分作用素で、それと四元反変ベクトル $\{J^{\mu}\}$ との縮約の形なので、時間成分の符号を変えたりする必要はない。この関係がローレンツ不変であることは明らかだが、そのことを、$L^{\mu}{}_{\nu}$ および $\hat{L}_{\mu}{}_{\nu}$ を用いた一般論で証明することと、双曲線関数で表されたローレンツ変換の具体形を用いて証明することは、ともに良い演習となる ♣。

　注意として、ここで得られた保存則と式 (6.72) とでは、意味内容が異なる。式 (6.72) は、電荷電流ベクトルが四元ベクトルで、その四元長さがローレンツ変換で不変だという数学的な性質を述べており、すべての四元ベクトルに当てはまる。他方で式 (6.73) はより強く、電荷の不生不滅という原理を主張しており、電荷電流ベクトルに固有の物理的保存則を表す。

6.3.2　電場と磁場のローレンツ変換

　次は電場 $\vec{E}$ と磁場 $\vec{B}$ を四元化する番である*[60]。$\vec{B}$ の時間変化は電磁誘導で $\vec{E}$ を生み、$\vec{E}$ の時間変化は変位電流として $\vec{B}$ に寄与するので、ローレンツ変換により $\vec{E}$ と $\vec{B}$ が混じり合うと予想できる。よって $\vec{E}$ あるいは $\vec{B}$ に別々に何か付け加えても、個別に四元ベクトルにはできず、両者を混ぜる必要がある。ところが $\vec{E}$ は極性ベクトル、磁場は $\vec{B}$ ベクトルだから、$\vec{E} \pm c\vec{B}$ などの形で直接に混ぜることはできない。よって $\vec{E}$ と $\vec{B}$ から成る 2 階テンソルを考える必要がありそうだ。ここではその準備として、ローレンツ変換に対する $\vec{E}$ と $\vec{B}$ の応答を調べよう。

---

*[59]　これは p.103 で出てくる光行差と同様な概念である。

*[60]　第 1 巻と同様、磁束密度 $\vec{B}$ を磁場と呼ぶことにし、$\vec{H}$ は用いない。

ガリレイ変換の場合

前哨戦として、ガリレイ変換による電場 $\vec{E}$ と磁場 $\vec{B}$ の混合を考える。静的な磁場 $\vec{B}$ が存在し、電場のない空間を、正電荷 q をもつ粒子が速度 $\vec{v}$ で運動すると、粒子には磁場からローレンツ力

$$\vec{F} = q\vec{v} \times \vec{B}$$

が働く。この Σ 系に対し、その瞬間に粒子と同じ速度 $\vec{v}$ で等速度運動する系 Σ' に乗り移ると、粒子は（瞬間的に）静止して見えるので、ローレンツ力は消えるはずだが、力 $\vec{F}$ は依然として働いている[*61]。これは Σ' 系から見た場合、電場 $\vec{E'} = \vec{v} \times \vec{B}$ が発生し、それが荷電粒子に力を及ぼすと考えればよい。最初から空間に電場 $\vec{E}$ がある場合、それも加えると、Σ から Σ' への変換に伴い電場が

$$\vec{E} \quad \Rightarrow \quad \vec{E'} = \vec{E} + \vec{v} \times \vec{B}$$

と変換されると考えられる[*62]。

今度は座標系 Σ で見て $\vec{B} = 0$ とし、図 6.14(a1) のように、電荷面密度 $\pm\sigma$ に帯電した大きな一対の平板電極が、位置 $z = \pm a$（a は正定数）に置かれコンデンサを形成している。その間の空間にはガウスの法則により、一様な z 方向の電場 $E_z = -\sigma/\epsilon_0$ が生じる。これを x 方向に一定速度 v で運動する系 Σ' から見ると、$z = +a$ では正の面電荷が $-x$ 方向に、$z = -a$ では負の面電荷が $-x$ 方向に運動するから、$\pm x$ 方向の面電流が発生し、その間の空間にはアンペールの法則により、y 方向の磁場 $B_y = \mu_0 \sigma v = v(\sigma/\epsilon_0)\epsilon_0\mu_0 = -vE_z/c^2$ が生じる [♣*63]。これは $\vec{B'} = -\vec{v} \times \vec{E}/c^2$ と書かれ、Σ で最初から磁場 $\vec{B}$ があればそれを加えればよい：

$$\vec{B} \quad \Rightarrow \quad \vec{B'} = \vec{B} - \vec{v} \times \vec{E}/c^2$$

ガリレイ変換からローレンツ変換へ

ここでローレンツ変換に移行するとローレンツ収縮が効くので、電場 $\vec{E}$ や磁場 $\vec{B}$ を、$\vec{v}$ に直交する成分（添字 $\perp$）と平行な成分（添字 $\parallel$）に分解し、図 6.14 を用いて検討しよう。まず電場を考えると、図 6.14(a1) は上の式を導くさい用いた配

[*61] ここでは力がローレンツ変換で大きな影響を受けないと仮定する。

[*62] 最初から存在した電場 $\vec{E}$ は、座標変換で変わらないと仮定する。

[*63] 電荷密度は四元ベクトルの時間成分なので、それはガリレイ変換では電荷密度へ混ざり込まなかった。電場と磁場は四元テンソルであるため、ガリレイ変換でも双方向の混入が起きる。

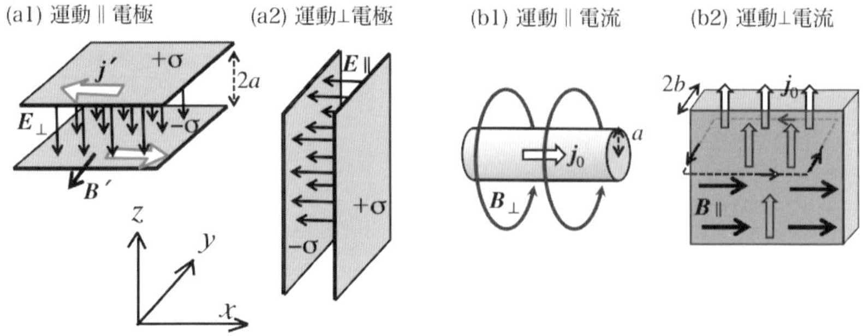

図 6.14 運動する座標系から見たときの電場と磁場。座標系はすべての図に共通で、運動はいずれも x 方向とする。(a1) コンデンサ内の電場を、電極に平行に運動する系から見た場合。(a2) 同様だが電極が、運動する系に垂直なとき。(b1) 円柱状の電流分布の作る磁場を、電流に平行に運動する系から見た場合。(b2) 厚み $2b$ の平板状電流の作る磁場を、平板に平行で電流に直交する方向に運動する系から見たとき。

置であり、観測者が電極に平行に運動すると、磁場が発生すると同時に、電極の面積が x 方向にローレンツ収縮し、電荷の総量は不変なので電荷の面密度が γv 倍に増大し、電場は $E'_\perp = \gamma E_\perp$ になる。これは電極間の電気力線の密度が、ローレンツ収縮で γ 倍になるためと考えてもよい。他方で図 6.14(a2) のように観測者がコンデンサの電極と垂直（電場に平行）に運動する場合、σ は不変で、電極間隔はローレンツ収縮するが電場強度はそれに依存しないから、$E'_\parallel = E_\parallel$ と期待される。

　次に磁場を考えるため図 6.14(b1) のように、半径 a で x 軸方向に延びる円柱状の電流分布を考え、内部の電流密度は j_0 で一定とすると、全電流は $I = \pi a^2 j_0$ である。これを電流に平行に運動する系から見ると、式 (6.69) により 電流密度は γj_0 に増大し、半径 a は不変だから、電流は γI になる。そこで (y, z) 平面内の任意の閉曲線で線積分しアンペールの法則を用いれば、閉曲線の長さが 2 つの座標系で同じなので、$B'_\perp = \gamma B_\perp$ が得られる。最後に図 6.14(b2) のように、(x, z) 平面に沿って無限に広がる厚み $2b$ の平板を考え、その内部の z 方向に一様な電流密度 j_0 があるとする。Σ 系では第 1 巻の p.148 にあるように、平板の外側に一定の磁場 $B_x = \pm\mu_0 j_0 b$ が作られる（$y > b$ と $y < -b$ で逆符号）。x 方向に運動する Σ' 系から見ても j_0 は変わらず（§ 6.3.1）、Σ' 系で点線のような任意の閉曲線を設定しアンペールの法則を使えば、Σ 系での結果と同じなので、$B'_\parallel = B_\parallel$ となる。

　以上をまとめると、以下の重要な関係が成り立つと期待される：

$$E'_\parallel = \vec{E}_\parallel \;\; ; \;\; \vec{E}'_\perp = \gamma\left(\vec{E}_\perp + \vec{v} \times \vec{B}_\perp\right)$$
$$\vec{B}'_\parallel = \vec{B}_\parallel \;\; ; \;\; \vec{B}'_\perp = \gamma\left(\vec{B}_\perp - \vec{v} \times \vec{E}_\perp/c^2\right) \tag{6.74}$$

図 6.14 では、個々の配置で、ローレンツ収縮が多くても 1 回だけ登場するよう、対称性の良い状況を厳選してある。たとえば点電荷の作る電場や、細長いソレノイド内部の磁場で考えると、必ずしもうまくいかない。

電場・磁場に付随する四元スカラー：ローレンツ変換の不変量

　以上の議論では、電場と磁場の混合をガリレイ変換で求め、それにローレンツ変換に伴う収縮を加味したわけで、直観的にわかりやすいものの、「電場と磁場の混合はガリレイ変換のままで良いのか」「ローレンツ収縮を考えるだけで良いのか」などの疑問が残るだろう。そこで、この電場・磁場の変換が正しいことを § 6.3.3 で最終確認するのに先立ち、式 (6.74) から 2 つの不変量すなわち四元スカラーが導かれることを確認しておこう。それらは

$$\vec{E}' \cdot \vec{B}' = \vec{E} \cdot \vec{B} \tag{6.75a}$$

$$E'^2 - c^2 \vec{B}'^2 = \vec{E}^2 - c^2 \vec{B}^2 \tag{6.75b}$$

であり、前者は厳密にいえば四元擬スカラーである。

　ここでは式 (6.74) を出発点に、式 (6.75a) を証明しよう。まず恒等的に

$$\vec{E} \cdot \vec{B} = \vec{E}_\parallel \cdot \vec{B}_\parallel + \vec{E}_\perp \cdot \vec{B}_\perp \tag{6.76}$$

が成り立ち、これは Σ' でも同様である。次に ⊥ 成分どうしの内積を計算すると♣、

$$\vec{E}'_\perp \cdot \vec{B}'_\perp = \gamma^2 \left(\vec{E}_\perp + \vec{v} \times \vec{B}_\perp\right) \cdot \left(\vec{B}_\perp - \vec{v} \times \vec{E}_\perp/c^2\right)$$
$$= \gamma^2 \left[\vec{E}_\perp \cdot \vec{B}_\perp + (\vec{v} \times \vec{B}_\perp) \cdot \vec{B}_\perp - \vec{E}_\perp \cdot (\vec{v} \times \vec{E}_\perp)/c^2 - \left(\vec{v} \times \vec{B}_\perp\right) \cdot \left(\vec{v} \times \vec{E}_\perp\right)/c^2\right]$$

となり、この右辺の第 2 項と第 3 項は直交性から 0 になる♣。さらに最終形の第 4 項を、スカラー三重積の循環性とベクトル三重積の公式で変形すると、

$$\left(\vec{v} \times \vec{B}_\perp\right) \cdot \left(\vec{v} \times \vec{E}_\perp\right) = \vec{B}_\perp \cdot \left[v^2 \vec{E}_\perp - (\vec{E}_\perp \cdot \vec{v})\vec{v}\right] = v^2 \vec{E}_\perp \cdot \vec{B}_\perp$$

となるので、1 つ前の式に戻ると、

$$\vec{E}'_\perp \cdot \vec{B}'_\perp = \gamma^2 \left[\vec{E}_\perp \cdot \vec{B}_\perp - (v/c)^2 \vec{E}_\perp \cdot \vec{B}_\perp\right] = \vec{E}_\perp \cdot \vec{B}_\perp$$

である。これを式 (6.76) と組み合わせ、∥ 成分が不変なことを用いると、式

(6.75a) に帰着する。つまり $\vec{E}' \cdot \vec{B}'$ では、変換で新たに混じり込んだ場どうしの内積が引かれて目減りした分を、ちょうどローレンツ収縮が補い、結果として元の内積 $\vec{E} \cdot \vec{B}$ が再現される。式 (6.75b) の方も同様に証明できるので演習問題とする*。

　得られた2つの不変量を、応用してみよう。

1. Σ 系で電場のみ存在し $\vec{B} = 0$ ならば、$\vec{E}^2 - c^2\vec{B}^2 > 0$ である。ローレンツ変換で電場と磁場が混合しても、この量は正のままなので、電場を消して磁場のみにすることはできない。同様に、最初に磁場のみ存在し電場がなければ、どんなローレンツ変換を行っても磁場を消すことはできない。

2. Σ で電場のみ存在したときは $\vec{E} \cdot \vec{B} = 0$ だから、Σ' で磁場 $\vec{B}'$ が生じてもそれは $\vec{E}'$ と直交し、$\vec{E}' \cdot \vec{B}' = 0$ を満たす。電場と磁場を入れ替えても同様。

3. 静磁場の中を高速で運動する荷電粒子から見ると、ローレンツ力により電場が生じると同時に、$\vec{E}^2 - c^2\vec{B}^2$ を保つべく磁場も強まって見え、結果として粒子は強い電磁力を受ける。これは § 6.2.4 の末尾で述べた視点の例であり、宇宙における粒子加速を考えるさい重要となる。

4. 電磁波では電場と磁場が直交するから、$\vec{E} \cdot \vec{B} = 0$ である。同様に第1巻の式 (2.128) で示したように、電磁波では $|\vec{E}| = c|\vec{B}|$ が成り立つので、$\vec{E}^2 - c^2\vec{B}^2 = 0$ である。これら2つの性質はローレンツ変換で不変なわけだから、互いに等速直線運動するどんな系から見ても、電磁波は電磁波のままである。

6.3.3　マクスウェル方程式系の四元表現

　電荷電流密度の四元ベクトルが構築でき、電場と磁場がローレンツ変換でどう変換されるか、理解できた。よって次の大目標は、マクスウェル方程式系を四元形に書き、それらがローレンツ変換で不変に保たれることの確認である。もちろんローレンツ変換は、光速度の不変性から導かれたものなので、光の性質を記述するマクスウェル方程式系は、互いに等速運動するどんな座標系でも成り立つはずだが、そのことを具体的に確かめる作業はぜひ行いたい。これは4つのステップから成る。まずは空間微分の rotation をテンソル表示すること。2つ目はその結果を踏まえ、電場と磁場を組み合わせて適切な四元テンソルを構築し、それを用いてマクスウェル方程式系を表現すること。3つ目はそのテンソルがローレンツ変換で形を変えないことを証明すること。最後に、マクスウェル方程式系のテンソル表現が、ローレンツ変換で形を変えないことを検証することである。

空間微分 rotation のテンソル表示

　3 次元ベクトルに対する 3 種類の空間微分のうち、gradient は式 (6.61) で、また divergence は式 (6.73) を例として、それぞれ四元形式に書かれたので、残る rotation をどう扱うか考えねばならない。3 次元ユークリッド空間で、gradient はスカラーからベクトル、divergence はベクトルからスカラーへの線形な微分作用素だったが、rotation はベクトルからベクトルへの操作だから、それはテンソルの性格をもつ。そこで 2 つの 3 次元の横ベクトル $\vec{A}$ と $\vec{B}$ の外積が、

$$\vec{A} \times \vec{B} = -\vec{A}\,\mathcal{B} \tag{6.77}$$

と書けることに注意しよう ♣*64。このとき現れた反対称行列

$$\mathcal{B} \equiv \begin{pmatrix} 0 & B_z & -B_y \\ -B_z & 0 & B_x \\ B_y & -B_x & 0 \end{pmatrix}$$

はベクトル $\vec{B}$ を「格上げ」した行列で、$\mathcal{B}_{ij} = -\mathcal{B}_{ji} = B_k$ なので、第 i 行第 j 列には $\vec{B}$ の第 k 要素が置かれ、i, j, k が $1, 2, 3$ を循環している。この行列を用いると、$\vec{B}$ の rotation は外積と同様、以下のように行列演算の形に書ける ♣:

$$\mathrm{rot}\,\vec{B} = \left(-\frac{\partial}{\partial x}, -\frac{\partial}{\partial y}, -\frac{\partial}{\partial z} \right) \begin{pmatrix} & & \\ & \mathcal{B}_{ij} & \\ & & \end{pmatrix} \tag{6.78}$$

電磁場テンソルの導入

　第 2 ステップは、電磁場テンソルの構築である。そこで第 1 巻 §2.4.1 で登場したマクスウェル方程式系を、式の順番や項の位置を少し変えて示すと*65、

---

*64　$\vec{A}$ と $\vec{B}$ の役割りを入れ替えても同じ議論ができる。

*65　第 1 巻では電荷密度を ρ_e ではなく ρ と書いていた。

$$\frac{\rho_e}{\epsilon_0} = \operatorname{div} \vec{E} \tag{6.79a}$$

$$\mu_0 \vec{j} = -\frac{1}{c^2}\frac{\partial \vec{E}}{\partial t} + \operatorname{rot} \vec{B} \tag{6.79b}$$

$$0 = \operatorname{div} \vec{B} \tag{6.79c}$$

$$0 = \frac{\partial \vec{B}}{\partial t} + \operatorname{rot} \vec{E} \tag{6.79d}$$

である。最初の式はガウスの法則、2 番目はアンペール=マクスウェルの法則、3 番目は磁場に関するガウスの法則に、磁気単極子がないことを組み合わせたもの、そして最後はファラデーの電磁誘導の法則である。

これら 4 本の方程式系のうち最初の 2 本は、電荷・電流があれば電場・磁場が生まれるという因果関係を示しており、これらを並べて成分表示すると[66]

$$\begin{array}{llllllll}
\mu_0 J^0 = \mu_0 c\rho_e = & 0 & + & \frac{1}{c}\partial_x E_x & + & \frac{1}{c}\partial_y E_y & + & \frac{1}{c}\partial_z E_z \\
\mu_0 J^1 = \mu_0 j_x = & -\frac{1}{c^2}\partial_t E_x & + & 0 & + & \partial_y B_z & - & \partial_z B_y \\
\mu_0 J^2 = \mu_0 j_y = & -\frac{1}{c^2}\partial_t E_y & - & \partial_x B_z & + & 0 & + & \partial_z B_x \\
\mu_0 J^3 = \mu_0 j_z = & -\frac{1}{c^2}\partial_t E_z & + & \partial_x B_y & - & \partial_y B_x & + & 0
\end{array} \tag{6.80}$$

となる。ここで簡単のため偏微分を $\partial/\partial x \equiv \partial_x$ や $\partial/\partial t \equiv \partial_t$ などと略記し、最初の式では $\epsilon_0 \mu_0 = 1/c^2$ を用いた。そこでこれらの式の右辺の被微分関数を抜き出して並べ、「電磁場テンソル」と呼ばれる 2 階の反対称テンソル

$$\mathcal{F}^{\mu\nu} \equiv \begin{pmatrix}
0 & \frac{1}{c}E_x & \frac{1}{c}E_y & \frac{1}{c}E_z \\
-\frac{1}{c}E_x & 0 & B_z & -B_y \\
-\frac{1}{c}E_y & -B_z & 0 & B_x \\
\frac{1}{c}E_z & B_y & B_x & 0
\end{pmatrix}
\begin{array}{l}
\leftarrow \mu = 0 \\
\leftarrow \mu = 1 \\
\leftarrow \mu = 2 \\
\leftarrow \mu = 3
\end{array} \tag{6.81}$$

を定義する。その第 0 行と第 0 列を除いたものは、式 (6.78) で登場した、3 次元テンソル $\mathcal{B}$ そのものである。すると $(x^0, x^1, x^2, x^3) = (ct, x, y, x)$ を用い、$\mathcal{F}^{\mu\nu}$ が反対称テンソルなことから、式 (6.80) は

---

[66] 電場や磁場の成分を E_x や B_y などと書くときは反変と共変を区別せず、見慣れた下付きにしただけである。添字が下にあるので共変表示であると考えないように。

$$\mu_0 J^\mu = \frac{\partial \mathcal{F}^{\mu\nu}}{\partial x^\nu} = -\frac{\partial \mathcal{F}^{\nu\mu}}{\partial x^\nu} \quad (\mu = 0, 1, 2, 3) \tag{6.82}$$

と簡潔に書かれる。後にわかるように、$\mathcal{F}^{\mu\nu}$ は μ と ν の両方について反変なので、この式は、$\mathcal{F}^{\mu\nu}$ の反変添字 ν について、共変ベクトルである微分作用素 $\partial/\partial x^\nu$ との間に縮約をとることを意味し、**一方が反変、他方が共変なので、世界積ではなく通常の内積の形でよい**。そして縮約の結果は反変ベクトルとなるわけで、これは J^μ が反変ベクトルであることと合致する。

$\mathcal{F}^{\mu\nu}$ の形からわかるように、電場と磁場は相対論の立場にでも、完全に対等にはならず、電場が極性ベクトルで磁場が軸性ベクトルだという違いが現れている。軸性ベクトルは外積の性格をもち[*67]、式 (6.77) のように反対称行列で表現できる。他方、極性ベクトルである電場は、そうした表現にはならず、ベクトルとしての性格を保持しつつ、電磁場テンソルの第 0 行と第 0 列に埋め込まれている。

方程式の残る 2 本

マクスウェル方程式系の残り 2 本である式 (6.79c) と (6.79d) は

$$
\begin{array}{rccccccc}
0 = & 0 & + & \partial_x B_x & + & \partial_y B_y & + & \partial_z B_z \\
0 = & \partial_t B_x & + & 0 & + & \frac{1}{c}\partial_y E_z & - & \frac{1}{c}\partial_z E_y \\
0 = & \partial_t B_y & - & \frac{1}{c}\partial_x E_z & + & 0 & + & \frac{1}{c}\partial_z E_x \\
0 = & \partial_t B_z & + & \frac{1}{c}\partial_x E_y & - & \frac{1}{c}\partial_y E_x & + & 0
\end{array}
\tag{6.83}
$$

と表現される。式 (6.80) と良く似ており、ほぼそこで $\vec{E}/c$ と $\vec{B}$ を入れ替えた形になっているが、いずれも第 1 項の符号が式 (6.80) とは逆になっている。これは元の方程式 (6.79b) と (6.79d) で、時間微分の項が互いに反対の符号をもつことに起因する[*68]。この第 1 項（時間成分）の符号の逆転を表すには、式 (6.27) の計量テンソル $g_{\mu\lambda}$ を二重に用いて、式 (6.81) で定義した反変テンソル $\mathcal{F}^{\mu\nu}$ の 2 つの添字をともに共変変数に入れ替え[*69]、**電磁場テンソルの共変表示**

[*67]　角運動量ベクトルが位置ベクトルと速度ベクトルの外積で表されるのが好例である。

[*68]　この逆符号があるからこそ、電場と磁場の一方を消去したときラプラス方程式ではなく波動方程式が導かれ、そこから電磁波という振動が導かれる。

[*69]　$g_{\mu\kappa}$ と μ について縮約をとることで、テンソル第 1 添字の時間成分の符号が反転し、$g_{\mu\lambda}$ と λ について縮約をとることで、テンソル第 2 添字の時間成分の符号が反転する。

$$\mathcal{F}_{\mu\nu} \equiv g_{\mu\kappa}g_{\nu\lambda}\mathcal{F}^{\kappa\lambda} \quad = \begin{pmatrix} 0 & -\frac{1}{c}E_x & -\frac{1}{c}E_y & -\frac{1}{c}E_z \\ \frac{1}{c}E_x & 0 & B_z & -B_y \\ \frac{1}{c}E_y & -B_z & 0 & B_x \\ \frac{1}{c}E_z & B_y & -B_x & 0 \end{pmatrix} \tag{6.84}$$

を用いるのが便利である。このテンソルは一見すると $\mathcal{F}^{\mu\nu}$ を転置したもの（第 1
と第 2 の添字を入れ替えたもの）に見えるが、実はそうではなく、電場を表す第 0
行と第 0 列のみ符号が反転しており、磁場部分は符号が変わっていないことに注
意されたい。さらに先の場合と異なり、これと式 (6.83) との対応関係は、必ずし
も一目瞭然ではない。そこで式 (6.83) をそっくり $\mathcal{F}_{\mu\nu}$ の要素を用いて書き直すと、
$\partial_0 = \partial/\partial(ct)$、$\partial_1 = \partial/\partial x$ などとして、

$$0 = \quad 0 \quad + \quad \partial_1\mathcal{F}_{23} \quad + \quad \partial_2\mathcal{F}_{31} \quad + \quad \partial_3\mathcal{F}_{12} \quad (\text{添字 0 抜き})$$
$$0 = \quad \partial_0\mathcal{F}_{23} \quad + \quad 0 \quad + \quad \partial_2\mathcal{F}_{30} \quad + \quad \partial_3\mathcal{F}_{02} \quad (\text{添字 1 抜き})$$
$$0 = \quad \partial_0\mathcal{F}_{31} \quad + \quad \partial_1\mathcal{F}_{03} \quad + \quad 0 \quad + \quad \partial_3\mathcal{F}_{10} \quad (\text{添字 2 抜き})$$
$$0 = \quad \partial_0\mathcal{F}_{12} \quad + \quad \partial_1\mathcal{F}_{20} \quad + \quad \partial_2\mathcal{F}_{01} \quad + \quad 0 \quad (\text{添字 3 抜き})$$

となる[*70]。どの式でも、{0,1,2,3} の 4 つの数字のどれか 1 つが抜け（式の右側に
示す）、残る 3 つの数字が添字として循環していることがわかる。よってこれら 4
本の方程式は

$$\frac{\partial \mathcal{F}_{\nu\kappa}}{\partial x^\mu} + \frac{\partial \mathcal{F}_{\kappa\mu}}{\partial x^\nu} + \frac{\partial \mathcal{F}_{\mu\nu}}{\partial x^\kappa} = 0 \quad (\mu, \nu, \kappa \text{は } 0, 1, 2, 3 \text{ のうち 3 つを循環}) \tag{6.85}$$

と同一形式にまとめられる。添字の循環は逆回りでも良い。なぜなら $\mathcal{F}_{\mu\nu}$ や $\mathcal{F}^{\mu\nu}$
が反対称テンソルで、2 つの添字の入れ替えで符号が反転するが、斉次方程式な
のですべての項の符号が一斉に反転してもかまわないからである。共変テンソルを用
いたことで、全項の符号が+に揃ったことが重要で反変テンソル $\mathcal{F}^{\mu\nu}$ のままだと、
このような表現は得られない。

再び不変量について

すでに式 (6.75a) と (6.75b) で、$\vec{E}$ と $\vec{B}$ から 2 つの四元（疑）スカラーが作られ
ることを示した。それらは電磁場テンソルからも、数学的にきちんと定義された手
続きで導かれるはずである。そこで電磁場テンソルの反変表示（式 6.81）と共変

[*70] ここの対応は重要なので、ぜひ面倒がらずに 1 項ずつ確認してほしい。

表示（式 6.84）の間で、対応する要素どうしを掛けて足し合わせると、

$$\mathcal{F}^{\mu\nu}\mathcal{F}_{\mu\nu} \equiv -\mathrm{Tr}\left(\mathcal{F}^{\kappa\nu}\mathcal{F}_{\nu\mu}\right) = -\frac{2}{c^2}|\vec{E}|^2 + 2|\vec{B}|^2$$

がすぐに導かれる♣。ここに Tr (⋯) は、正方行列のトレース (trace)♡、すなわち対角項の和（固有値の和）である[71]。これは先に式 (6.75b) で示した 2 つ目の不変量 $\vec{E}^2 - c^2\vec{B}^2$ の $-2/c^2$ 倍だから、ローレンツ不変な四元スカラーである。

ではもう一方の不変量（式 6.75a）はどうかというと、実はその **2 乗 $(\vec{E}\cdot\vec{B})^2$** が**行列 $\mathcal{F}^{\mu\nu}$ ないし $\mathcal{F}_{\mu\nu}$ の行列式 (determinant)** になっているのである。そのことを見るため、行列の「余因子 (adjugate)」を用いた展開方法を復習すると♡、4 行 4 列の行列の行列式は、たとえば第 1 列で展開すれば、

$$\mathrm{det}\begin{pmatrix} a_0 & b_0 & c_0 & d_0 \\ a_1 & b_1 & c_1 & d_1 \\ a_2 & b_2 & c_2 & d_2 \\ a_3 & b_3 & c_3 & d_3 \end{pmatrix} = a_0 \begin{vmatrix} b_1 & c_1 & d_1 \\ b_2 & c_2 & d_2 \\ b_3 & c_3 & d_3 \end{vmatrix} - a_1 \begin{vmatrix} b_0 & c_0 & d_0 \\ b_2 & c_2 & d_2 \\ b_3 & c_3 & d_3 \end{vmatrix}$$

$$+ a_2 \begin{vmatrix} b_0 & c_0 & d_0 \\ b_1 & c_1 & d_1 \\ b_3 & c_3 & d_3 \end{vmatrix} - a_3 \begin{vmatrix} b_0 & c_0 & d_0 \\ b_1 & c_1 & d_1 \\ b_2 & c_2 & d_2 \end{vmatrix}$$

と書かれる。この展開公式に $\mathcal{F}^{\mu\nu}$ の具体形を代入し、$E/c = \mathcal{E}$ と略すと、

$$\mathrm{det}\,\mathcal{F}^{\mu\nu} = \mathcal{E}_x \begin{vmatrix} \mathcal{E}_x & \mathcal{E}_y & \mathcal{E}_z \\ -B_z & 0 & B_x \\ B_y & -B_x & 0 \end{vmatrix} - \mathcal{E}_y \begin{vmatrix} \mathcal{E}_x & \mathcal{E}_y & \mathcal{E}_z \\ 0 & B_z & -B_y \\ B_y & -B_x & 0 \end{vmatrix} + \mathcal{E}_z \begin{vmatrix} \mathcal{E}_x & \mathcal{E}_y & \mathcal{E}_z \\ 0 & B_z & -B_y \\ -B_z & 0 & B_x \end{vmatrix}$$

であり、右辺の 3 つの 3×3 の行列式を「たすき掛けの公式」♡ で計算すると、

$$\mathrm{det}\,\mathcal{F}^{\mu\nu} = (\mathcal{E}_x B_x + \mathcal{E}_y B_y + \mathcal{E}_z B_z)^2 = \frac{1}{c^2}(\vec{E}\cdot\vec{B})^2 \tag{6.86}$$

が導かれる。なかなか感動的な結果なので、各自で計算してほしい♣。

行列式は、結晶単位胞の体積として式 (6.34) で登場した[72]。同様に $\mathrm{det}\,\mathcal{F}^{\mu\nu}$ は、4 次元時空で電磁場テンソルの張る「体積」と考えてよい。$\vec{E} \perp \vec{B}$ だと行列式が 0 となり、行列は「ランク落ち」♡ して ≤ 3 次元になるという面白い性質も見てと

---

[71]　行列 A と B に対し、$\mathrm{Tr}(AB^\dagger) = \sum_i \sum_j A_{ij}B_{ij}^*$ が成り立つ。$\mathcal{F}^{\mu\nu}$ は実反対称行列だから、随伴行列にするさいに符号が変わる。

[72]　和算の大家である関孝和（生年不詳、没年 1708）は独自に行列式の概念に到達したという。

れる。$N \times N$ 行列の行列式の計算には $N!$ 個の項が現れ、各項は行列要素 N 個の積だから、行列式の値は $\sim \eta N! a^N$ 程度となる。ここに a は行列要素の代表的な値、η は行や列の独立性の度合いを示す、1 程度の非負実数である。電場と磁場の 1 成分の代表値は $|\vec{E}|/\sqrt{3}$ と $|\vec{B}|/\sqrt{3}$ なので、それらの相乗平均として $a \sim (|\vec{E}||\vec{B}|/3c)^{1/2}$ と考えると、$N = 4$ なので $\det \mathcal{F}^{\mu\nu} \sim (24\eta/9c^2)\vec{E}^2\vec{B}^2$ を得る。そこで電場と磁場のなす角のコサインが $(24\eta/9)$ だと思えば、式 (6.86) が再現される。

こうして電場と磁場から導かれた 2 つの四元（疑）スカラーである式 (6.75a) と (6.75b) が、それぞれ $\mathrm{Tr}(\mathcal{F}^{\kappa\nu}\mathcal{F}_{\nu\mu})$ および $\det(\mathcal{F}^{\mu\nu})$ と関係づけられた。数学的にトレースと行列式はともに、1 つの正方行列に付随する基本的なスカラーで、一定の保存法則を満たす°。これは $\mathcal{F}^{\mu\nu}$ が正しくローレンツ変換に従って変換されること、よって直観的に導いた式 (6.74) が正しいことを支持しており、これで第 2 ステップが完了したと考えよう。

電磁場テンソルのローレンツ変換

第 3 ステップは一連の作業の核心部分で、電磁場テンソル $\mathcal{F}^{\mu\nu}$ がローレンツ変換で形を保つことの検証である。数式で書くと、

$$\mathcal{F}'^{\kappa\lambda} \equiv L^{\kappa}{}_{\nu}\mathcal{F}^{\nu\mu}L^{\lambda}{}_{\mu}$$

と表した $\mathcal{F}'^{\kappa\lambda}$ が、変換を行った先の Σ' において、場の変換式 (6.74) で決まる $\vec{E}'$ と $\vec{B}'$ を用い、式 (6.81) に従って構築した電磁場テンソルと一致することの証明である。この計算を正直に実行しよう。$\mathcal{F}'^{\kappa\lambda}$ の定義式の $L^{\kappa}{}_{\nu}$ は、テンソル $\mathcal{F}^{\nu\mu}$ の第 1 添字（行列では行）に作用し、$L^{\lambda}{}_{\mu}$ の方はその第 2 添字（列）に作用するので[*73]、この式を行列で表現すれば、電磁場テンソル行列の左と右から、同じローレンツ変換の行列を掛けることを意味する。線形代数で、正規行列 M に対しユニタリ行列 U を適切に選ぶと[*74]、$U^{-1}MU$ が対角行列になることと良く似る。以下の計算は面倒がらず、各自ぜひ実行してほしい♣。すでに定義ずみだが、$\gamma \equiv 1/\sqrt{1-\beta^2}$ および $E/c \equiv \mathcal{E}$ に留意のこと。まず最初の掛け算を実行すると

---

*73　テンソルの添字で表す限り、$\mathcal{F}'^{\kappa\lambda} \equiv \mathcal{F}^{\nu\mu}L^{\kappa}{}_{\nu}L^{\lambda}{}_{\mu}$ と書いてもまったく同じだが、あえて行列との対比を見やすくするため、L で $\mathcal{F}$ を挟む表式にした。

*74　M の随伴行列（エルミート共役：転置して複素共役をとった行列）を $M^{\dagger}$ とするとき、$MM^{\dagger} = M^{\dagger}M$ が成り立つなら、M を正規行列という。

$$
L^\kappa{}_\nu \mathcal{F}^{\nu\mu} =
\begin{pmatrix}
\gamma & -\gamma\beta & 0 & 0 \\
-\gamma\beta & \gamma & 0 & 0 \\
0 & 0 & 1 & 0 \\
0 & 0 & 0 & 1
\end{pmatrix}
\begin{pmatrix}
0 & \mathcal{E}_x & \mathcal{E}_y & \mathcal{E}_z \\
-\mathcal{E}_x & 0 & B_z & -B_y \\
-\mathcal{E}_y & -B_z & 0 & B_x \\
-\mathcal{E}_z & B_y & -B_x & 0
\end{pmatrix}
$$

$$
=
\begin{pmatrix}
\gamma\beta\mathcal{E}_x & \gamma\mathcal{E}_x & \gamma(\mathcal{E}_y - \beta B_z) & \gamma(\mathcal{E}_z + \beta B_y) \\
-\gamma\mathcal{E}_x & -\gamma\beta\mathcal{E}_x & \gamma(B_z - \beta\mathcal{E}_y) & -\gamma(B_y + \beta\mathcal{E}_z) \\
-\mathcal{E}_y & -B_z & 0 & B_x \\
-\mathcal{E}_z & B_y & -B_x & 0
\end{pmatrix}
$$

を得る。この右から同じローレンツ変換の行列を掛け、$\gamma^2(1-\beta^2)=1$ を用いると、

$$
L^\kappa{}_\nu \mathcal{F}^{\nu\mu} L^\lambda{}_\mu =
\begin{pmatrix}
0 & \mathcal{E}_x & \gamma(\mathcal{E}_y - \beta B_z) & \gamma(\mathcal{E}_z + \beta B_y) \\
-\mathcal{E}_x & 0 & \gamma(B_z - \beta\mathcal{E}_y) & -\gamma(B_y + \beta\mathcal{E}_z) \\
-\gamma(\mathcal{E}_y - \beta B_z) & -\gamma(B_z - \beta\mathcal{E}_y) & 0 & B_x \\
-\gamma(\mathcal{E}_z + \beta B_y) & \gamma(B_y + \beta\mathcal{E}_z) & -B_x & 0
\end{pmatrix}
$$

$$
=
\begin{pmatrix}
0 & \mathcal{E}_x & \gamma\{\vec{\mathcal{E}} + \vec{\beta}\times\vec{B}\}_y & \gamma\{\vec{\mathcal{E}} + \vec{\beta}\times\vec{B}\}_z \\
-\mathcal{E}_x & 0 & \gamma\{\vec{B} - \vec{\beta}\times\vec{\mathcal{E}}\}_z & -\gamma\{\vec{B} - \vec{\beta}\times\vec{\mathcal{E}}\}_y \\
-\gamma\{\vec{\mathcal{E}} + \vec{\beta}\times\vec{B}\}_y & -\gamma\{\vec{B} - \vec{\beta}\times\vec{\mathcal{E}}\}_z & 0 & B_x \\
-\gamma\{\vec{\mathcal{E}} + \vec{\beta}\times\vec{B}\}_z & \gamma\{\vec{B} - \vec{\beta}\times\mathcal{E}\}_y & -B_x & 0
\end{pmatrix}
$$

となる。ここに $\vec{\beta} \equiv \vec{v}/c$ である。これを電磁場のローレンツ変換を表す式 (6.74) と比較すると、この行列の各要素は、Σ' での電場 $\vec{E}'$ と磁場 $\vec{B}'$ の成分を用い

$$
L^\kappa{}_\nu \mathcal{F}^{\nu\mu} L^\lambda{}_\mu =
\begin{pmatrix}
0 & \frac{1}{c}E'_x & \frac{1}{c}E'_y & \frac{1}{c}E'_z \\
-\frac{1}{c}E'_x & 0 & B'_z & -B'_y \\
-\frac{1}{c}E'_y & -B'_z & 0 & B'_x \\
-\frac{1}{c}E'_z & B'_y & -B'_x & 0
\end{pmatrix}
\equiv \mathcal{F}'^{\kappa\lambda}
\tag{6.87}
$$

と表されており、式 (6.81) と同じ形である。これで目的の証明が完結した。ある意味で予定調和的な結果ではあっても、やはりバンザイと言いたくなる。

マクスウェル方程式のローレンツ不変性：最終確認

　残る第 4 ステップは総仕上げの最終確認である。ここでの命題を再確認すると、次のようになる。（ア）座標系が Σ から Σ' へ、式 (6.45) で変換された。このとき

（イ）電荷電流密度ベクトルは式 (6.69) で変換され、（ウ）微分作用素は共変ベクトルだから式 (6.43) と同じ形で変換される。（エ）電場と磁場は式 (6.74) で変換され、それに伴い電磁場テンソルも式 (6.87) で変換される。（オ）そこで Σ' において、変換された物理量を用いると、Σ でのマクスウェル方程式系すなわち式 (6.82) および式 (6.85) が、同じ形で成り立つことを確認すればよい[75]。

いま微分作用素を $\partial/\partial x^\mu \equiv \partial_\mu$ などと略記し、マクスウェル方程式系のうち、式 (6.82) の負符号の方を例として選ぼう：

$$-\mu_0 J^\mu = \partial_\nu \mathcal{F}^{\nu\mu} \tag{6.88}$$

この両辺に同時にローレンツ変換を施すと $-\mu_0 J^\mu L^\lambda{}_\mu = \partial_\nu \mathcal{F}^{\nu\mu} L^\lambda{}_\mu$ となり、これが（ア）の手続きである。この左辺は（イ）により $J^\mu L^\lambda{}_\mu = J'^\lambda$ と書き換えられ、右辺にわざとクロネッカーのデルタを用いると、

$$-\mu_0 J'^\lambda = \partial_\alpha\, \delta^\alpha{}_\nu\, \mathcal{F}^{\nu\mu} L^\lambda{}_\mu = \partial_\alpha \left(\tilde{L}_\kappa{}^\alpha L^\kappa{}_\nu\right) \mathcal{F}^{\nu\mu} L^\lambda{}_\mu = \left(\tilde{L}_\kappa{}^\alpha \partial_\alpha\right)\left(L^\kappa{}_\nu \mathcal{F}^{\nu\mu} L^\lambda{}_\mu\right)$$

となる。この2番目から3番目の変形では $\delta^\alpha{}_\nu = L_\kappa{}^\alpha L^\kappa{}_\nu$ として、クロネッカーのデルタをローレンツ変換とその逆変換の積に置き換えた。この最右辺の第1の $(\cdots)$ 内は、微分作用素にローレンツ逆変換を施したものだから、それは（ウ）により、Σ' 系での微分作用素 ∂'_κ に化ける。さらに最右辺の第2の $(\cdots)$ 内に（エ）の式 (6.87) を用いると

$$-\mu_0 J'^\lambda = \partial'_\kappa \mathcal{F}'^{\kappa\lambda}$$

となり、最終的に（イ）として、式 (6.88) と同じ形の方程式が Σ' で再現された。この計算の要点は、ローレンツ変換と逆変換の積がデルタ関数になることである。

以上では2本の相対論的なマクスウェル方程式のうち式 (6.82) の方のみ論じたが、式 (6.83) の方でも（より面倒ではあるが）同様である。

簡単な例題による演習

§ 6.3.3 の論理展開はかなりの計算を伴い、何だか数式にこき使われている感が拭えない。そこで一般論にこだわらず、より単純化された2つの例題を通じ、問題を肌で理解したい。1つ目として、電磁場テンソルのローレンツ変換を表す

---

[75] もし式 (6.74) がまだ厳密に示されていないという立場に立つなら、マクスウェル方程式系はローレンツ変換に対し不変なことを仮定として出発し、それを満たすには電場と磁場は式 (6.74) のように変換されねばならない、という論理の組み立てにしてもよい。計算自体は同じである。

式 (6.87) の導出で、系 Σ' が x 方向に運動するという設定は保ちつつ、Σ 系では電場は 0 だとすると、

$$L^\kappa{}_\nu \mathcal{F}^{\nu\mu} L^\lambda{}_\mu$$

$$= \begin{pmatrix} \gamma & -\gamma\beta & 0 & 0 \\ -\gamma\beta & \gamma & 0 & 0 \\ 0 & 0 & 1 & 0 \\ 0 & 0 & 0 & 1 \end{pmatrix} \begin{pmatrix} 0 & 0 & 0 & 0 \\ 0 & 0 & B_z & -B_y \\ 0 & -B_z & 0 & B_x \\ 0 & B_y & -B_x & 0 \end{pmatrix} \begin{pmatrix} \gamma & -\gamma\beta & 0 & 0 \\ -\gamma\beta & \gamma & 0 & 0 \\ 0 & 0 & 1 & 0 \\ 0 & 0 & 0 & 1 \end{pmatrix}$$

$$=(途中の計算を省略) = \begin{pmatrix} 0 & 0 & -\gamma\beta B_z & \gamma\beta B_y \\ 0 & 0 & \gamma B_z & -\gamma B_y \\ \gamma\beta B_z & -\gamma B_z & 0 & B_x \\ -\gamma\beta B_y & \gamma B_y & -B_x & 0 \end{pmatrix}$$

となって[*]、結果はずっと見やすい。つまり B_x は不変だが B_y と B_z はローレンツ収縮で強まり、さらに式 (6.74) の記述するローレンツ電場が現れる。

　別の例題として、電磁場テンソルとして少し簡略化された形を仮定し、式 (6.82) と式 (6.85) のマクスウェル方程式系を、テンソル計算で書き下す練習をしよう。電場は $E(t,\vec{r})$ と一般の形を仮定するが、磁場は実数の定数 a と b を用い、

$$(B_x, B_y, B_z) = (-ay, ax, bt)$$

と簡略に書かれるとする。この B_x と B_y は、第 1 巻 § 2.1 で攻略したように、z 軸周りに渦巻き状の磁力線を表し、z 方向に一様な rotation を与える。また B_z は時間とともに増大する z 方向の一様磁場で、電磁誘導を行う。$\mathrm{div}\vec{B} = 0$ は満たされている。この場合の電磁場テンソルは、反変表示だと式 (6.81) より

$$\mathcal{F}^{\mu\nu} = \begin{pmatrix} 0 & \mathcal{E}_x(t,\vec{r}) & \mathcal{E}_y(t,\vec{r}) & \mathcal{E}_z(t,\vec{r}) \\ -\mathcal{E}_x(t,\vec{r}) & 0 & bt & -ax \\ -\mathcal{E}_y(t,\vec{r}) & -bt & 0 & -ay \\ -\mathcal{E}_z(t,\vec{r}) & ax & ay & 0 \end{pmatrix}$$

となる。式 (6.82) を具体的に計算すると、$\partial/\partial x^0 = c^{-1}\partial/\partial t$ に注意して

$$\mu = 0 \ : \ \mu_0 J^0 = \partial \mathcal{F}^{0\nu}/\partial x^\nu = \partial_x \mathcal{E}_x + \partial_y \mathcal{E}_y + \partial_y \mathcal{E}_y$$

$$\mu = 1 \ : \ \mu_0 J^1 = -c^{-1}\partial_t \mathcal{E}_x$$

$$\mu = 2 \ : \ \mu_0 J^2 = -c^{-1}\partial_t \mathcal{E}_y$$

$$\mu = 3 \ : \ \mu_0 J^3 = -c^{-1}\partial_t \mathcal{E}_z + 2a$$

となって、時間成分 ($\mu = 0$) はガウスの法則を再現する。空間成分の 3 式は、z 方向の一様な電流密度 $2a =$ rot $\vec{B}$ に変位電流 $-c^{-2}\partial \vec{E}/\partial t$ を加えたものになる*76。同じ電磁場テンソルを今度は共変表示 $\mathcal{F}_{\mu\nu}$ にし、式 (6.85) を計算すると、添字 0 を抜いた式は $0 = 0$ のつまらない関係となり、残り 3 本は

$$1 \text{抜き} : \ 0 = \frac{\partial \mathcal{F}_{23}}{\partial x^0} + \frac{\partial \mathcal{F}_{30}}{\partial x^2} + \frac{\partial \mathcal{F}_{02}}{\partial x^3} = 0 + \partial_y \mathcal{E}_z - \partial_z \mathcal{E}_y = \{\text{rot } \vec{E}\}_x/c$$

$$2 \text{抜き} : \ 0 = \frac{\partial \mathcal{F}_{31}}{\partial x^0} + \frac{\partial \mathcal{F}_{03}}{\partial x^1} + \frac{\partial \mathcal{F}_{10}}{\partial x^3} = 0 - \partial_x \mathcal{E}_z + \partial_z \mathcal{E}_x = \{\text{rot } \vec{E}\}_y/c$$

$$3 \text{抜き} : \ 0 = \frac{\partial \mathcal{F}_{12}}{\partial x^0} + \frac{\partial \mathcal{F}_{20}}{\partial x^1} + \frac{\partial \mathcal{F}_{01}}{\partial x^2} = b/c + \partial_x \mathcal{E}_y - \partial_y \mathcal{E}_x = [b + \{\text{rot } \vec{E}\}_z]/c$$

となるので、あわせて rot $\vec{E} = -b\hat{z} = -\partial \vec{B}/\partial t$ という電磁誘導の式が再現する。もちろんここでは式 (6.82) と式 (6.85) を導く過程を逆にたどっただけなので、結果は当然なのだが、演習問題としての意味は十分にあろう。

6.3.4 電磁ポテンシャルの四元表現

この § 6.3 の仕上げは、電磁ポテンシャルを用いた電磁気学の表現である。第 1 巻第 2 章で述べたように、スカラーポテンシャルを $\Psi(t, \vec{r})$、ベクトルポテンシャルを $\vec{A}(t, \vec{r})$ とすれば、ここで登場する方程式群は

$$\vec{E}(t, \vec{R}) = -\frac{\partial \vec{A}}{\partial t} - \text{grad } \Psi(t, \vec{R}) \ ; \quad \vec{B}(t, \vec{R}) = \text{rot } \vec{A}(t, \vec{R}) \tag{6.89a}$$

$$\frac{1}{c^2}\frac{\partial \Psi}{\partial t} + \text{div } \vec{A} = 0 \tag{6.89b}$$

$$\Box(\Psi/c) = -\mu_0 \rho_e \ ; \quad \Box\vec{A} = -\mu_0 \vec{j} \tag{6.89c}$$

の 5 本で、式 (6.89a) は電磁ポテンシャルの定義式、式 (6.89b) はローレンツ条件、式 (6.89c) はマクスウェル方程式である。これらの中には四元形が透けて見えるものもあるが、$\vec{E}$ や $\vec{B}$ はローレンツ変換で形を崩すので、$\mathcal{F}^{\mu\nu}$ や $\mathcal{F}_{\mu\nu}$ に書き換えね

---

*76 変位電流については、第 1 巻 §2.2 を参照のこと。

ばならない。ここでは 2 つの目標を掲げたい。1 つ目は、時間成分の符号が反転するか否か、つまり反変か共変かを、原理原則から[77]判断しつつ進むこと。2 つ目はそれを通じ、先送りになっていた設問 [Q3] に答えを出すことである。

ダランベルシアンの変換性

　少し数学的準備をしよう。式 (6.73) で出てきた 1 階の微分作用素 $\hat{\mathcal{D}}_\mu \equiv \{\partial/\partial x^\mu\}$ $= (\partial_0, \partial_1, \partial_2, \partial_3)$ は四元の共変ベクトルで、その $\hat{\mathcal{D}}_\mu$ どうしの世界積は

$$\Box \equiv \hat{\mathcal{D}}_\mu \circ \hat{\mathcal{D}}_\mu = -\frac{1}{c^2}\frac{\partial^2}{\partial t^2} + \sum_{j=1}^{3} \frac{\partial^2}{\partial (x^j)^2} = g^{\mu\nu}\frac{\partial}{\partial x^\mu}\frac{\partial}{\partial x^\nu} = \mathcal{D}_\mu \mathcal{D}^\mu \tag{6.90}$$

のようにダランベルシアンになる[78]。時間微分項のマイナスが邪魔なので、$\hat{\mathcal{D}}_\mu$ のどちらか一方に $g^{\mu\nu}$ を掛け反変にしてやれば世界積が内積に化け、上式の最後の表現となって、四元表現が得られる。そこに現れる作用素 $g^{\mu\nu}(\partial/\partial x^\mu)$ $=$ $(-\partial_0, \partial_1, \partial_2, \partial_3) \equiv \hat{\mathcal{D}}^\nu$ は $\hat{\mathcal{D}}_\mu$ の反変表現である。式 (6.90) に現れる添字はすべてダミー添字（p.18）なので、$\Box$ は四元スカラー作用素である。

　ミンコフスキー時空での関数 $\Psi(x^\mu)$ に対し、斉次方程式

$$\Box\Psi = 0 \tag{6.91}$$

は電磁波が光速度で伝わることを記述する波動方程式で、それが特殊相対論の出発点であった。よってこの 2 階偏微分方程式が四元不変なこと、すなわちローレンツ変換が波動方程式と適合することは自明ではあろう。とは言え、改めてローレンツ変換により $\Box$ を系 Σ' で書き下し、それが式 (6.91) と同じ形になり、光速度 c が不変であることを確認することは、よい演習問題となる♣。

　ちなみにガリレイ変換は、ニュートンの運動方程式の形を保つが、容易に推測できるように、波動方程式の形は保存できない。それを見るためガリレイ変換の式 (6.39) に戻り、式 (6.91) を (ct', x') で書き直してみる。すると

$$\partial/\partial t = (\partial t'/\partial t)(\partial/\partial t') + (\partial x'/\partial t)(\partial/\partial x') = (\partial/\partial t') - \beta(\partial/\partial x')$$

$$\partial/\partial x = (\partial x'/\partial x)(\partial/\partial x') + (\partial t'/\partial x)(\partial/\partial t') = (\partial/\partial x')$$

なので、t' と x' を用いた方程式は、$\beta \equiv v/c$ を用いて

---

[77]　教科書で答をカンニングしなくても、自分で判断できるという意味。

[78]　ダランベルシアンとダランベールについては、第 1 巻、p.164 を参照。

$$-\frac{1}{c^2}\frac{\partial^2\Psi}{\partial t'^2} + \frac{2\beta}{c}\frac{\partial^2\Psi}{c\partial t'\partial x'} + (1-\beta^2)\frac{\partial^2\Psi}{\partial x'^2} = 0 \tag{6.92}$$

と書かれ♣、(ct, x) での波動方程式とは形が違ってしまう。とくに交差項 $\partial^2/\partial t'\partial x'$ のため、方程式は x と $-x$ の交換で形を変える。じっさい、$\Psi(x' - c(1-\beta)t')$ および $\Psi(x' + c(1+\beta)t')$ という関数はその関数形によらず、ともに式 (6.92) の解だが、$\Psi(x' - c(1+\beta)t')$ や $\Psi(x' + c(1-\beta)t')$ は解ではない♣。よって $\pm x$ 方向の波の速度は $c(1\mp\beta)$（複号同順）である。音波はこの状況にあり、c は静止大気中の音速、v は大気に対する観測者の速度になる。

四元電磁ポテンシャルの定義

次に同じ次元をもつ Ψ/c と $\vec{A}$ を組み合わせ、四元ベクトルを作るのだが、$(\Psi/c, \vec{A})$ と $(-\Psi/c, \vec{A})$ のどちらを反変ベクトルとみなし、他方を共変ベクトルとすればよいか、自明ではない。そこで式 (6.89c) を見ると、$(\Psi/c, \vec{A})$ に□を施したものが、四元反変ベクトル $J^\mu = (c\rho_e, \vec{j})$ の μ_0 倍になっている。さらに式 (6.90) の説明で触れたように、□はスカラー演算子なので、それを四元ベクトルの各成分に同時に施しても、ベクトルの反変性・共変性は変化しない。よって $(\Psi/c, \vec{A})$ の方が反変表示、$(-\Psi/c, \vec{A})$ は共変表示であると認定でき、

$$A^\mu \equiv (\Psi/c, \vec{A}) \quad ; \quad A_\mu = g_{\mu\nu}A^\nu = (-\Psi/c, \vec{A})$$

として「四元電磁ポテンシャル」が構築できた。これらが座標変換に対し四元ベクトルとして振る舞うことは、式 (6.89c) で微分作用素も、それを施した結果も、ともにローレンツ変換で形を変えないことから結論され[79]、以下が成り立つ：

$$A'^\mu = L^\mu{}_\nu A^\nu \quad ; \quad A'_\mu = \check{L}_\mu{}^\nu \Lambda_\nu \tag{6.93}$$

電磁ポテンシャルを用いたマクスウェルの方程式

以上から、式 (6.89c) の 2 本の方程式は、まとめて

$$\square A^\kappa \equiv \hat{\mathcal{D}}_\mu \hat{\mathcal{D}}^\mu A^\kappa \equiv g^{\mu\nu}\frac{\partial}{\partial x^\mu}\frac{\partial}{\partial x^\nu}A^\kappa = -\mu_0 J^\kappa \tag{6.94}$$

と書け、これが電磁ポテンシャルを用いたマクスウェルの方程式の四元形である。

---

[79] 座標系と式 (6.89a) にローレンツ変換を施し、電場と磁場の変換式 (6.74) を用いて直接に証明しても良いが、かなり面倒である。面倒な計算は物事の本質を見失わせるので、推奨できない。

添字 κ は自由添字 (p.18) であり、それとダランベルシアンを構成する $\hat{\mathcal{D}}_\mu$ との間に、縮約は起きない[*80]。

ローレンツ条件を表す式 (6.89b) は、$(\rho_{\mathrm{e}}c, \vec{A})$ に $\hat{\mathcal{D}}_\mu$ を施したものとして、

$$\hat{\mathcal{D}}_\mu A^\mu \equiv \frac{\partial A^\mu}{\partial x^\mu} = 0$$

と簡潔に書かれる。ここでは先ほどと異なり、共変ベクトル作用素 $\hat{\mathcal{D}}_\mu$ と反変ベクトル A^μ の間に縮約が起きている。式 (6.94) の両辺に $\hat{\mathcal{D}}_\mu$ を施し、このローレンツ条件を用いると、式 (6.73) の電荷保存法則が得られるが、ローレンツ条件自身が電荷保存を表すわけではない（第 1 巻 §2.4.3 を参照）。

電磁場テンソルと電磁ポテンシャルの関係

最後に、四元電磁ポテンシャル A と四元電磁場テンソル $\mathcal{F}$ の関係を調べよう。式 (6.89a) で電場の j ($j = 1, 2, 3$) 成分は、ポテンシャルの反変表示を用いるか共変表示を用いるかにより、$A_0 = -A^0$ および $A_j = A^j$ に注意して

$$E_j = -\left\{ \frac{\partial \vec{A}}{\partial t} \right\}_j - \frac{\partial \Psi}{\partial x^j} = -c\left(\frac{\partial A^j}{\partial x^0} + \frac{\partial A^0}{\partial x^j} \right) = -c\left(\frac{\partial A_j}{\partial x^0} - \frac{\partial A_0}{\partial x^j} \right)$$

と書き直される。微分作用素が共変だから、反変表示 A^μ を用いた方が良いと思いがちだが、この演算の結果である E_j は 4 元ベクトルではないから、その考えは強い根拠とはならない。むしろ電磁場テンソルが混合テンソルではないことから、A_μ を用いた最後の形の方が良いことがわかる。すると添字は下付きが 2 つになり、$\mathcal{F}^{\mu\nu}$ ではなく $\mathcal{T}_{\mu\nu}$ の要素に一致することになり、式 (6.84) と比べることで

$$\mathcal{F}_{0j} \equiv -\frac{1}{c}E_j = \frac{\partial A_j}{\partial x^0} - \frac{\partial A_0}{\partial x^j}$$

が得られる。$\vec{B} = \mathrm{rot}\,\vec{A}$ もあわせて、四元の電磁ポテンシャルから四元電磁場テンソルを導くローレンツ不変な関係式として、

$$\mathcal{F}_{\mu\nu} = \frac{\partial A_\nu}{\partial x^\mu} - \frac{\partial A_\mu}{\partial x^\nu} \tag{6.95}$$

が得られ、目的が達成された。この式を反変表現に変換すると、

$$\mathcal{F}^{\mu\nu} = g^{\mu\kappa}g^{\nu\lambda}\mathcal{F}_{\kappa\lambda} = g^{\mu\kappa}g^{\nu\lambda}\left(\frac{\partial A_\lambda}{\partial x^\kappa} - \frac{\partial A_\kappa}{\partial x^\lambda} \right) = g^{\mu\kappa}\frac{\partial A^\nu}{\partial x^\kappa} - g^{\nu\lambda}\frac{\partial A^\mu}{\partial x^\lambda}$$

[*80] これは直線座標系でない場合のラプラシアンの問題に似る（第 1 巻、p.182）。

となって、式 (6.95) より煩雑である。ただしこの式には使い道があって、それを式 (6.82) の右辺に入れ、ローレンツ条件を使うと、ちゃんと式 (6.94) に帰着するので、ぜひ確認するとよい♣。

第 1 巻で示したように、スカラーポテンシャルとベクトルポテンシャルを用いると、式 (6.79) に示すマクスウェル方程式のうち、最後の 2 本は自動的・恒等的に満たされるのだった。この性質は四元化されても引き継がれているはずである。そこでこれら 2 本の方程式に対応する、式 (6.85) を電磁ポテンシャルで表すと、

$$\frac{\partial \mathcal{F}_{\nu\kappa}}{\partial x^\mu} + \frac{\partial \mathcal{F}_{\kappa\mu}}{\partial x^\nu} + \frac{\partial \mathcal{F}_{\mu\nu}}{\partial x^\kappa}$$

$$=\partial_\mu(\partial_\nu A_\kappa - \partial_\kappa A_\nu) + \partial_\nu(\partial_\kappa A_\mu - \partial_\mu A_\kappa) + \partial_\kappa(\partial_\mu A_\nu - \partial_\nu A_\mu)$$

$$=(\partial_\mu\partial_\nu - \partial_\nu\partial_\mu)A_\kappa + (\partial_\nu\partial_\kappa - \partial_\kappa\partial_\nu)A_\mu + (\partial_\kappa\partial_\mu - \partial_\mu\partial_\kappa)A_\nu = 0$$

となり、確かに恒等的に 0 になることがわかる。これで電磁気学の基本方程式系を、四元表示する作業が完結した。

6.3.5 運動する電荷・電流の作る電磁ポテンシャル

運動する電荷や電流の作る電磁場を論じ、とくにそれらの加速度運動により電磁波が放射される過程を理解することは、重要な課題で、それを本格的に行うには、リエナール=ヴィーヒェルトのポテンシャル*81♡ という道具立てが必要である。それは運動する電荷の影響が光速度で伝わる結果、遠方での電磁場が遅れて変化することを記述しており、相対論的に正しく、相対論を理解する上で大切である。しかしその定式化は込み入っているため、第 1 巻第 2 章では、多少の無理は承知で、リエナール=ヴィーヒェルトのポテンシャルも遅延ポテンシャルを持ち出さずに電磁波の放射の説明を試みた。同様に本書でも、ここには踏み込まない。

幸い電荷や電流の運動が等速直線運動で、加速度をもたない（よって放射は行わない）場合には、ローレンツ変換だけで議論ができる。その場合でも、電磁ポテンシャルを用いるのが良い。なぜなら電場ベクトルや磁場ベクトルは四元ベクトルには格上げできず、電磁場テンソル $\mathcal{F}_{\mu\nu}$ としてようやく四元形式に取り込めるからである。そして式 (6.87) を導くのに多大な労力を要したように、テンソルのローレンツ変換はとても面倒なのに対し、四元ベクトルとしての電磁ポテンシャルの変換は、ずっと容易である。以下、2 つの簡単な場合を扱う。

---

*81 第 1 巻、p.202 で短く触れてある。

運動する点電荷の場合

最も簡単な例題として、1個の点電荷の作るクーロンポテンシャルを扱おう。例によって観測者系 $\Sigma(ct, x, y, z)$ に対し、x 方向に速度 v で運動する系 $\Sigma'(ct', x', y', z')$ があり、Σ' の空間座標 $x' = 0$ に点電荷 q が固定され、観測者に対し等速度運動をする。この電荷が作る電磁ポテンシャルを Σ' で観測すれば、$R' \equiv |\vec{R}'|$ として

$$A'^{\mu}(t', \vec{R}') = \left(\frac{1}{c}\Psi', \vec{A}'\right) = \left(\frac{q}{4\pi\epsilon_0 cR'}, \, 0, \, 0, \, 0\right)$$

である。これらを式 (6.93) でローレンツ変換すれば、Σ での表現として

$$\Psi(\vec{R}) = c\gamma A'^0 = \frac{\gamma q}{4\pi\epsilon_0 R'}$$

$$A^x(\vec{R}) = \gamma\beta A'^0 = \frac{\gamma\mu_0 qv}{4\pi R'} \; ; \; A^y = A^z = 0$$

を得る♣。さらに $R' = \sqrt{(x')^2 + (y')^2 + (z')^2} = \left[\gamma^2(x - vt)^2 + (y)^2 + (z)^2\right]^{1/2} = \gamma\left[(x - vt)^2 + (y/\gamma)^2 + (z/\gamma)^2)\right]^{1/2}$ と変形できるので、

$$\xi \equiv R'/\gamma = \left[(x - vt)^2 + (y/\gamma)^2 + (z/\gamma)^2\right]^{1/2} \tag{6.96}$$

とおけば、Σ での電磁ポテンシャルは ξ のみの関数として、

$$\Psi = \frac{q}{4\pi\epsilon_0}\frac{1}{\xi} \; ; \; \vec{A} = \left(\frac{\mu_0 q}{4\pi}\frac{v}{\xi}, \, 0, \, 0\right) \tag{6.97}$$

と表現される。とくに $v/c \to 0$ なら $\xi \to R'$ だから、Ψ は非相対論的なクーロン静電ポテンシャルになり、また $\vec{A} = 0$ となる。

図 6.15(a) は Σ 系で、Ψ が一定の等ポテンシャル面を描いたものである。式 (6.97) により、等ポテンシャル面とは ξ が一定の面であり、それは式 (6.96) でわかるように、運動電荷を中心とする回転楕円体になり、それは x' 軸回りに回転対称で、その軸長は運動方向に比べ直交方向で γ 倍となる。すなわち等ポテンシャル面は球形ではなく、ローレンツ収縮により運動方向に圧縮され、碁石ないしミカンのような形をもちつつ速度 v で飛行する。また x' 軸上 $(y = z = 0)$ では $\xi = x - vt$ だから、そこでのポテンシャルの値は非相対論な場合に一致する。

この図では Ψ の等高線の間隔が、進行方向では狭く直交方向には広がるので、その勾配で決まる静電場は、進行方向より直交方向で弱く、式 (6.74) と逆になるように思える。しかし $\vec{E}$ には $\partial\vec{A}/\partial t$ も寄与することを思い出し、Σ 系での電場 $\vec{E}$ と $\vec{B}$ を式 (6.97) からキチンと計算しよう。式 (6.96) より $\partial/\partial x = (\partial\xi/\partial x)(\mathrm{d}/\mathrm{d}\xi) = [(x - vt)/\xi](\mathrm{d}/\mathrm{d}\xi)$、$\partial/\partial t = -[v(x - vt)/\xi](\mathrm{d}/\mathrm{d}\xi)$、$\partial/\partial y = [y/(\gamma^2\xi)](\mathrm{d}/\mathrm{d}\xi)$ などだか

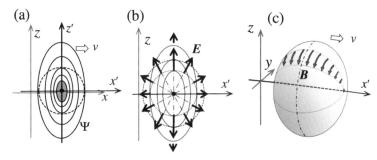

図 **6.15** 運動する点電荷の作る電磁場。(a) Σ 系で見た Ψ の等高線を $\gamma = 2$ として $\sqrt{2}$ ステップで描いたもの。点線の円は $v \to 0$ の場合。(b) 電場ベクトルの様子。(c) 磁場ベクトルの鳥瞰図。x' 軸まわりの限られた角度のみ示す。

ら♣、空間 3 成分を行ベクトル表示すれば

$$\vec{E} = -\operatorname{grad} \Psi - \frac{\partial A}{\partial t} = \frac{q}{4\pi\epsilon_0\xi^3}\left(x - vt, \frac{y}{\gamma^2}, \frac{z}{\gamma^2}\right) - \frac{q\beta^2}{4\pi\epsilon_0\xi^3}(x - vt, 0, 0)$$

$$= \frac{q}{4\pi\epsilon_0\gamma^2\xi^3}(x - vt, \ y, \ z) = \frac{q}{4\pi\epsilon_0\gamma^2}\frac{\vec{R}}{\xi^3}$$

であり、最後に現れた $\vec{R} = (x - vt, y, z)$ は Σ 系で点電荷から測った位置ベクトルである。よって $\vec{E}$ は点源を中心に放射状に延びるが、その強度は等方的ではない。x' 軸上では $\xi = x - vt = x'/\gamma$、y' 軸上では $\xi = y/\gamma = y'/\gamma$ などだから、

$$x'\text{軸上}: E_x = \frac{q(x - vt)}{4\pi\epsilon_0\gamma^2(x - vt)^3} = \frac{q(x'/\gamma)}{4\pi\epsilon_0(x'^3/\gamma)} = \frac{q}{4\pi\epsilon_0 x'^2} = E'_x$$

$$y'\text{軸上}: E_y = \frac{qy}{4\pi\epsilon_0\gamma^2(y/\gamma)^3} = \frac{\gamma q}{4\pi\epsilon_0 y^2} = \frac{\gamma q}{4\pi\epsilon_0 y'^2} = \gamma E'_y$$

が得られ、z' 軸上も y' 軸上と同様である。よって $\vec{E}_\parallel = \vec{E}'_\parallel$ および $\vec{E}_\perp = \gamma\vec{E}'_\perp$ が成り立ち、式 (6.74) で Σ と Σ' を入れ替えた結果が確認できた。得られた $\vec{E}$ の様子を図 6.15(b) に示す。このように電場ベクトルの長さも、運動と直交方向に延び、式 (6.74) と一致することがわかる。

　磁場も式 (6.97) から同様に計算でき♣、

$$\vec{B} = \operatorname{rot} \vec{A} = \frac{\mu_0 q}{4\pi\gamma^2}\frac{\vec{v}\times\vec{R}}{\xi^3} = \frac{1}{c^2}\vec{v}\times\vec{E}(t,\vec{R})$$

が得られる。$|v| \ll c$ のとき、これは運動電荷が作る電流に対する、ビオ・サヴァールの法則（第 1 巻 §2.2.3）に帰着する。この磁場は図 6.15(c) のように振る

舞う。この図は実は、ビオ・サヴァールの法則による磁場を説明する第 1 巻の図 2.9(a) を、横に倒し進行方向に縮めたものに他ならない。

運動する直線電流の場合

別の簡単な例として、z 方向に延びた直線電流 I が、x 方向に速度 v で運動している場合を考えよう。Σ' 系での四元電磁ポテンシャルは z' 成分のみをもち、それは $r' \equiv \sqrt{(x')^2 + (y')^2} = \sqrt{(x-vt)^2\gamma^2 + y^2}$ のみの関数となるから、ローレンツ変換すればそのまま Σ 系でのベクトルポテンシャルとなり、スカラーポテンシャルは発生しない。あとは Σ 系で rotation をとればよく、点電荷の場合より簡単である。このとき電流まわりに A'_z が作る同心円状の等ポテンシャル面と、それに伴う渦巻き状の磁場が、電流の運動でどう変化するかを調べ、式 (6.74) を確認する作業を、演習問題とする ♣。Σ 系ではベクトルポテンシャルの時間変化により、電場が発生する。

6.3.6 改めて設問 [Q3] について

冒頭の設問 [Q3] の結論は持ち越しだったが、この問題はミンコフスキー空間で再定義され (§ 6.2.3)、電磁気学の四元表現の中で多用され、理解が進んだ。たとえば電荷保存の式 (6.73) は、勾配の微分作用素 $\hat{\mathcal{D}}_\mu$ と電荷電流密度 $\{J^\mu\}$ との縮約で、前者は自然に共変ベクトル、後者は自然に反変ベクトルである。また式 (6.95) では共変表示の方がスッキリしている。このように共変/反変のどちらか一方が自然に選ばれる場合はあるが、勾配操作が必ず共変ベクトルになるとは限らず、ダランベルシアンの式 (6.90) では、その反変表現 $\mathcal{D}^\mu = g^{\mu\nu}\partial/\partial x_\nu$ が登場した。同様に電荷電流密度ベクトルはつねに反変とは限らず、式 (6.72) ではその共変表現 $\{J_\nu\}$ が現れた。よって**物理量ごとに共変か反変か決まっているわけではなく**、「これは四元の反変（ないし共変）ベクトルである」と言うより、「これは四元ベクトルの反変（ないし共変）表現である」という方が適切である。

ここは次のように簡単に言うこともできる。2 つの四元ベクトル間の基本的な演算は世界積だが、反変どうしや共変どうしの計算では、時間成分だけ符号を変えねばならない。これを通常の縮約の形にするには、必ず $g_{\mu\nu}$ ないし $g^{\mu\nu}$ を嚙まさないといけない。この邪魔な $g_{\mu\nu}$ や $g^{\mu\nu}$ を消すには、それらをベクトルのどちらか一方と縮約すればよく、結果は、反変ベクトルと共変ベクトルの間の通常の（$g_{\mu\nu}$ も $g^{\mu\nu}$ も用いない）縮約となるわけである。

6.4 ニュートン力学の相対論的な修正

電磁気学の場合、その基本方程式系であるマクスウェルの方程式系は相対論と整合しているので、あとはそれらを四元の表現に直せばよかった。ところがニュートン力学はガリレイ変換では不変に保たれる一方で、相対論の基本である光速度不変の原理とは整合しないので、表現を書き改めるだけでは不十分であり、法則そのものを修正する必要がある。そのさいの指導原理は 2 つある。1 つはローレンツ変換に対し形を変えない（光速度不変の原理に適合する）こと、もう 1 つは物体の速度が c より十分に小さいとき、ニュートン力学が（多少の変更を許し）再現されるべきことである。こうした場合の 定石 として、まず速度など「運動の表し方」を考え (§ 6.4.1)、次いで運動の積分である運動量やエネルギーを扱い (§ 6.4.2)、それらを通じて運動方程式に到達する (§ 6.4.3) ことにする。

6.4.1 四元速度

質点の四元座標 $(-ct, x, y, z)$ は代表的な反変ベクトルだから、それを時間の次元をもつ四元スカラー τ で微分したものは、ローレンツ不変な四元ベクトル $\{\partial u^\mu/\partial\tau\} = \{u^\mu\}$ になり、それは速度の性格をもつはずである。質点の速度が小さい極限で、この $\{u^\mu\}$ の空間成分は非相対論的な速度 $(dx/dt, dy/dt, dz/dt)$ に一致してほしいので、τ としてはまさに式 (6.67) の固有時間を選べば良い。こうして「四元速度」と呼ばれる四元ベクトルが、時間 t と 3 次元の位置ベクトル $\vec{r}$ を用いて

$$u^\mu \equiv \frac{dx^\mu}{d\tau} = \left(c\frac{dt}{d\tau}, \ \frac{d\vec{r}}{d\tau} \right)$$

と定義され、その成分はすべて [長さ]/[時間] の次元をもつ。式 (6.67) より $u^0 = dt/d\tau = \gamma = 1/\sqrt{1-\beta^2}$ はローレンツ因子に一致し、空間成分は

$$\frac{d\vec{r}}{d\tau} = \frac{d\vec{r}}{dt}\frac{dt}{d\tau} = \gamma\vec{v} = \frac{\vec{v}}{\sqrt{1-\beta^2}}$$

だから、四元速度は 3 次元の速度ベクトル $\vec{v} \equiv d\vec{r}/dt$ を用い、

$$(u^0, u^j) = (\gamma c, \gamma\vec{v}) = \left(\frac{c}{\sqrt{1-\beta^2}}, \ \frac{\vec{v}}{\sqrt{1-\beta^2}} \right) \tag{6.98}$$

と表すことができる。$|\vec{v}| \to 0$ では、u^μ の空間成分は $\vec{v}$ に帰着するが、時間成分は

0 ではなく c になることに注意してほしい[*82]。

四元速度の（世界積での）2乗は、3次元速度 $\vec{v}$ によらず、つねに

$$u \circ u = -(\gamma c)^2 + \gamma^2 |\vec{v}|^2 = \gamma^2 c^2 (-1 + \beta^2) = -c^2$$

を満たすことは、たいへん重要である。ここで $u \circ u < 0$ であることは、ある世界点 A から $u^\mu d\tau$ だけ異なる世界点 B が、互いに時間的領域に属することを意味し、質点が一方から他方へ（$d\tau > 0$ なら A から B へ）と運動する、つまり A と B が因果的であることと整合している。さらに四元速度の共変表示 $u_\nu = g_{\mu\nu} u^\mu$ を用いると、この性質は次のように表現できる：

$$u \circ u = g_{\mu\nu} u^\mu u^\nu = u_\mu u^\nu = -c^2 \tag{6.99}$$

例として、Σ 系から見て x 方向に速度 $v = \beta c$ で等速直線運動する質点 B を考え、それとともに運動する系を Σ' としよう。この質点の四元速度ベクトルは

$$\Sigma \text{では } u^\mu = (\gamma c,\ \gamma v,\ 0,\ 0) \quad ; \quad \Sigma' \text{では } u'^\mu = (c,\ 0,\ 0,\ 0) \tag{6.100}$$

であり、式 (6.99) が成り立つことや、ローレンツ変換で u^μ と u'^μ が互いに変換されることも、見やすい♣。ところがこの例では

$$u^1 = \gamma v = \frac{v}{\sqrt{1 - (v/c)^2}}$$

だから、$|\beta| \geq 1/\sqrt{2}$ だと $|u^1| > c$ になり、「相対論では光速度を超える運動は許されない」という理念と矛盾しそうだ。これはどう考えるべきだろうか？

そこで図 6.16(a) を用いて検討しよう。Σ において、空間座標の原点[*83]に固定された質点 A を考えると、A の描く世界線は ct 座標軸そのものであり、それに沿う長さ c の矢印 $u(A)$ が、質点 A の一定な四元速度ベクトルを表す。A は Σ で見て空間的に静止しているから $u(A)$ の x 成分は 0 だが、時間はそれと独立に流れるので、四元速度の時間成分は c で、それは「時間の流れ」を表す。次に式 (6.100) を導くのに用いた質点 B を考えると、それは Σ' の空間座標の原点に固定され、その世界線は ct' 軸に一致し、それに沿った矢印 $u(B)$ が、質点 B の四元速度ベクトルである。そして式 (6.99) により、$u(A)$ と $u(B)$ の先端は同じ双曲線 $(ct)^2 - (x)^2 = (ct')^2 - (x')^2 = c^2$ に乗る。図 6.16 は $\beta = 0.745$ として描かれていて、$u(B)$ の x 成

[*82]　これは §6.4 の冒頭に述べた、「多少の変更を許し」という留保に対応する。

[*83]　すでに図 6.5 で見たように、この A は座標系 Σ 自身の原点とは異なることに注意。

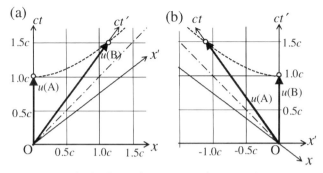

図 6.16 互いに $0.745c$ で相対運動する系 (ct, x) および (ct', x') を考え、(ct, x) に対し静止した質点 A と、(ct', x') に対し静止した質点 B の、四元速度ベクトルを図示したもの。(a) ct 軸と x 軸 を直交するよう表現した場合。(b) ct' 軸と x' 軸 が直交するように写した場合。

分は確かに「単位時間 $\times c$」より大きく、これが問題のグラフ的な再確認である。そうではあっても、Σ で見た質点 B の x 方向の速度は、あくまで $v = \beta c = dx/dt = (dx/d\tau)/(dt/d\tau) = cu(\mathrm{B})^1/u(\mathrm{B})^0$ で、これは c を超えない。四元速度では t で微分する代わりに、t より遅く進む τ で微分するから、結果が c を超えうると考えることもできる。あるいは p.47 でミューオンの寿命に関して述べたように、B から見ると世の中が x 方向に縮んでいるから、c 以上の速度で進めるのだ、と考えてもよい。

ちなみに図 6.16(b) は、(a) と同一の内容を表しており、唯一の違いは、ct 軸と x 軸ではなく ct' 軸と x' 軸が直交するよう描いたことである。これにより「時間軸と空間軸が直交するかどうかは，描き方だけの問題である」という、p.33 で述べた注意を再確認してほしい。

四元速度に類似した概念として、何らかの定数（四元スカラー）a を用い

$$au^\mu = (a\gamma c, a\gamma \vec{v}) = \left(\frac{ac}{\sqrt{1-\beta^2}}, \frac{a\vec{v}}{\sqrt{1-\beta^2}} \right) \tag{6.101}$$

と定義した量 au^μ は当然、四元ベクトルである。たとえば式 (6.68) の電荷電流密度ベクトルでは、その 2 乗長さの平方根である ρ_e が、この a に対応する。そしてその空間第 j 成分は § 6.3.1 で見たように、「ローレンツ収縮した電荷密度 $\gamma\rho_{e0}$ に 3 次元速度の第 j 成分 v_j を掛けたもの」と解釈できると同時に、「静止系における電荷密度 ρ_{e0} に四元速度の第 j 成分 $u^j = \gamma v_j$ を掛けたもの」と解釈し直すことも可能である。このことは次に登場する運動量を考えるさいに重要となる。

6.4.2 運動量とエネルギー

四元運動量ベクトル

式 (6.101) での定数 a として、静止系での質点の質量 m を選ぶと、

$$P^\mu \equiv mu^\mu = m\left(\frac{dx^\mu}{d\tau}\right) \tag{6.102}$$

という四元ベクトルが作られる。この m は**静止質量 (rest mass)** と呼ばれ、固有時間に対応する概念なので「固有質量 (proper mass)」とも「不変質量 (invariant mass)」とも呼ばれる。すると式 (6.98) より

$$(P^0, P^j) = (mu^0, mu^j) = (m\gamma c, m\gamma\vec{v}) = \left(\frac{mc}{\sqrt{1-\beta^2}}, \frac{m\vec{v}}{\sqrt{1-\beta^2}}\right) \tag{6.103}$$

なので、P^μ の空間成分は $\beta \to 0$ のとき、3次元の非相対論的な運動量ベクトル $\vec{p} = m\vec{v}$ に一致する。よって $\{P^\mu\}$ を**四元運動量ベクトル**と呼ぶ。その空間成分を取り出して P_s と書けば、以下を得る：

$$P_s = \gamma m\vec{v} = \gamma\vec{p} = \frac{m\vec{v}}{\sqrt{1-\beta^2}}$$

相対論的エネルギー

次に四元運動量 P^μ の第 0 成分の意味を考えよう。それに c を掛けると

$$cP^0 = \gamma mc^2 = \frac{mc^2}{\sqrt{1-\beta^2}} \approx mc^2\left(1 + \frac{1}{2}\beta^2\right) = mc^2 + \frac{1}{2}mv^2 \tag{6.104}$$

と書かれ、近似は $|\beta| \ll 1$ として β の1次までテイラー展開した結果である。右辺の最後に現れた $\frac{1}{2}mv^2$ は非相対論における運動エネルギー、最右辺第1項の mc^2 は**静止質量エネルギー (rest-mass energy)**♡ である [*84]。よって

$$U \equiv cP^0 = \gamma mc^2 = \frac{mc^2}{\sqrt{1-\beta^2}} \tag{6.105}$$

[*84] 静止質量エネルギーの出現は、§ 6.4 の冒頭で述べた「多少の変更」の好例である。

は、静止質量エネルギーまで含めた質点の相対論的なエネルギーと解釈できる[*85]。またローレンツ因子 γ は dt と $d\tau$ の比だったが[*86]、それは**粒子のエネルギー E と静止質量エネルギー mc^2 の比**と解釈し直される：

$$\gamma = \frac{U}{mc^2}$$

運動量・エネルギー関係式

四元運動量ベクトルの空間成分 P_s は、非相対論的な運動量ベクトル $\vec{p}$ に γ を掛けたものになり、時間成分は相対論的エネルギーに $1/c$ を掛けたものになるとわかった。双対関係を ⇔ で表せば「時間 ⇔ エネルギー」、「空間 ⇔ 運動量」と対応するわけで、四元運動量ベクトルは、「エネルギー・運動量ベクトル」と呼ぶこともできる。そこで

$$(P^0, P^j) = (U/c, P_s) = (U/c, \gamma\vec{p}) \tag{6.106}$$

と書けば、この立場を強調することができる。

四元運動量ベクトルの世界積としての2乗長さは、式 (6.99) より $P \circ P = -(P^0)^2 + P_s^2 = -(mc)^2$ である。式 (6.106) の表現を使えば、この関係は

$$U^2 = (mc^2)^2 + c^2 P_s^2 \tag{6.107}$$

と書ける♣。これが**相対論的なエネルギー・運動量の関係式**で、特殊相対論の基本ともいうべき重要性をもつ[*87]。横軸 P_s、縦軸を U に選ぶと、この関係式は双曲線となり、その U 切片が静止質量である。第2巻の図 5.22(b) に登場した電子を表す曲線が、まさにこの曲線に他ならない。

とくに質量が $m = 0$ の場合、式 (6.107) は光を表し、$U = \pm cP_s$ と書ける。この関係を量子化すれば、光子のエネルギー ω と波数 k の間の分散関係として、$\hbar\omega = chk$ が得られ、相対論的量子力学♡ を構築する出発点となる。

運動に伴う質量の増大

質点の3次元速度 v が上がると、四元運動量の空間成分の絶対値 $|P_s|$ は、非相対

[*85]　電場 $\vec{E}$ と混同しないよう、エネルギーは E ではなく U と書いた。

[*86]　ここでいう全微分は、2つの接近した世界点の間での差のことである。念のため。

[*87]　$P \circ P$ が一定なのは数学的な要請だが、式 (6.107) では、エネルギー・運動量の保存という物理的意味が加わっている。

論で許される最大の運動量 mc を超えてしまう。これは §6.4.1 で触れた、四元速度が c を超えうることと同じ話であり、2 つの解釈が可能である。1 つは、3 次元速度 v が増大する（ただし c は超えない）につれ、時間成分 $U = \gamma mc^2$ が増加し、長さ $P \circ P = -mc^2/c$ を一定に保つべく、空間成分も増大する必要がある、と考えるものである。他方で式 (6.103) を書き直すと

$$P^j = \frac{m\vec{v}}{\sqrt{1 - \beta^2}} = m^*(\gamma)\vec{v} \quad ; \quad m^*(\gamma) \equiv m\gamma = \frac{m}{\sqrt{1 - \beta^2}} \tag{6.108}$$

となる。現れた $m^*(\gamma)$ は実効的な質量で、$\gamma = 1$（静止系）での質量 m を静止質量と呼ぶのに対し、この $m^*(\gamma)$ は「運動質量」[*88] と呼んでも良い。すると「速度 v が上がっても光速度は超えないが、粒子の運動質量が増大するため、積 $m^*(\gamma)v$ は mc を超えてしまう」と考えることもでき、この方が直観に合うかもしれない。

6.4.3 質点の運動方程式

いよいよニュートンの運動方程式を、相対論に合う形に修正する作業である。それには加速度を考えるより、せっかく積分として四元運動量ベクトルが求まっているので、それを用いた形で扱う方が適している。ニュートン力学でも、質点の質量が一定なら、運動方程式は [質量]×[加速度]=[力] としても [運動量の時間微分]=[力] としても等価だが、質量が変化する場合は後者の定式化の方が適している。その例として相対論とは無関係だが、ロケットの飛翔の方程式を考えよう。

ロケットの飛翔の方程式

燃料を含めて質量 $M(t)$ のロケットが、速度 $V(t)$ で一定方向に飛行しており、燃料を $\Delta M < 0$ だけ一定の相対速度 $w > 0$ で後方に噴射した結果、$\Delta V > 0$ だけ増速したとする。重力や空気の摩擦抵抗を無視すれば、運動量の保存則から、

$$MV = (M + \Delta M)(V + \Delta V) - (V - w)\Delta M$$

が成り立つ。2 次の微小量を落として整理すると、ロケットの運動方程式が、運動量の時間変化として

$$\frac{\mathrm{d}(MV)}{\mathrm{d}t} = (V - w)\frac{\mathrm{d}M}{\mathrm{d}t}$$

---

*88 これは一般的に使われる用語ではないことに注意。

と書かれる♣。ここから $dV = w|dM|/M$ が得られ、それを積分し、初期条件 $V = 0$ での質量を M_i、燃焼終了時の質量[89] を M_f とすれば、到達速度が

$$V_f = w \ln(M_i/M_f)$$

で与えられる♣。これはツィオルコフスキーの公式[90]と呼ばれるロケット工学の出発点の数式である。大きな到達速度を得るには、燃焼速度 w を高めるとともに、ロケットを多段式にするなどの方策で、最終質量 M_f を小さくする必要があることがわかる。ここで面白いのは、ロケットと噴射物を合わせた全系の運動量は保存するのに対し、全系の力学的エネルギーは保存せず、大きく増加することである。じっさい、ロケット発射直前の始状態では力学的エネルギーが 0 だったのに対し、終状態ではロケットと噴射物の双方が大きな運動エネルギーをもつ。もちろんこれは、燃料の燃焼エネルギーが開放された結果である。以上は重力を無視した話だが、重力がある場合にもこれに準じた扱いができる♡。

相対論的な運動方程式

話を相対論に戻そう。いま力 f^μ が四元ベクトルとして書ける「四元力」なら、

$$\frac{dP^\mu}{d\tau} = f^\mu \tag{6.109}$$

として運動方程式が記述できると考えるのが良かろう。なぜなら左辺は四元ベクトルを固有時間で微分したもので、それが四元ベクトルであることは明らかだし、速度が小さくなれば左辺の空間成分は $d\vec{p}/dt$ に漸近してニュートンの運動方程式に帰着するからである。つまり 2 つの指導原理を満たしている。

この運動方程式の最も簡単な解は、$f^\mu = 0$ の自由運動であり、その場合は P^μ が保存される。これは非相対論の場合と同様、力が働かなければ質点の四元運動量が変化しないこと、すなわちそのエネルギーと空間的運動量が保存されることをいい、それぞれ時間の一様性と空間の一様等方性に根ざしている。

次に Σ において x 方向に一定の力 g が働く場合を考えると、$du^1/d\tau = g$ であり、これはすぐに $u^1(\tau) = u^1(0) + g\tau$ と積分できると思うかもしれないが、これでは十分ではない。なぜなら、式 (6.109) の力が四元不変であるならば、一般に 0 でない

---

*89 M_i が燃料を含む総質量を表すのに対し、M_f はそれ以外の部分、つまりロケットの構造体や積み荷としての衛星などの質量を指す。

*90 Konstantin Eduardovich Tsiolkovsky (1857-1935) は、ポーランドとタタールの血を引く、ロシアのロケット工学者。しばしば「宇宙旅行の父」と呼ばれる。

時間成分をもつはずで、その時間発展、すなわち運動方程式の第 0 成分も考えねばならず、それが第 1 成分の時間発展に影響するからである。これは、運動量が変化すればエネルギーも変わる、と考えてもよい。

そこで次に考えつくのは、何らかの空間的ポテンシャルがあり、力がその空間勾配で表される場合であろう。重力がその代表だが、対応する時間成分の扱いが不明なため、実はこれはうまくゆかない。このように重力をきちんと扱えないことが、特殊相対論の限界であった。図 6.1 に見るように、座標系を直線系（パネル c）から曲線系（パネル d）に一般化することで、この困難を回避したものが、一般相対論であるが、本書では踏み込まない。

電磁場における相対論的な運動方程式

電磁気学はローレンツ不変なので、四元力の例として電磁場が電荷 q の荷電粒子に及ぼす電磁力を考えると良かろう。磁場によるローレンツ力が場と速度の積になることから、式 (6.81) の電磁場テンソル $\mathcal{F}^{\mu\nu}$ を用いて、この力は

$$f^\mu = q\mathcal{F}^{\mu\nu}u_\nu \tag{6.110}$$

と書かれると考えてみよう。式 (6.109) で力 f^μ が反変表示なので、この式の右辺で電磁場テンソルは反変表示、四元速度としては共変表示 $u_\nu = g_{\nu\lambda}u^\lambda$ を選ぶ必要がある。この式を、$u_0 = -u^0$ と $u_j = u^j$ を用いて具体的に書けば、先に E_x や B_y などと書いていた電磁場の成分を四元の添字に直した上で

$$\frac{\mathrm{d}}{\mathrm{d}\tau}\begin{pmatrix} P^0 \\ P^1 \\ P^2 \\ P^3 \end{pmatrix} = q\begin{pmatrix} 0 & \frac{1}{c}E^1 & \frac{1}{c}E^2 & \frac{1}{c}E^3 \\ -\frac{1}{c}E^1 & 0 & B^3 & -B^2 \\ -\frac{1}{c}E^2 & -B^3 & 0 & B^1 \\ -\frac{1}{c}E^3 & B^2 & -B^1 & 0 \end{pmatrix}\begin{pmatrix} -u^0 \\ u^1 \\ u^2 \\ u^3 \end{pmatrix} \tag{6.111}$$

を得る。この方程式が四元不変であることは明らかである。

式 (6.111) の空間成分を取り出すと、式 (6.98) および式 (6.103) より

$$\frac{\mathrm{d}}{\mathrm{d}\tau}\left(\frac{m\vec{v}}{\sqrt{1-\beta^2}}\right) = \gamma q\left(\vec{E} + \vec{v}\times\vec{B}\right) = \frac{q\left(\vec{E} + \vec{v}\times\vec{B}\right)}{\sqrt{1-\beta^2}}$$

である♣。左辺に $m/\sqrt{1-\beta^2} = m^*(\gamma)$ を用いると、この式は

$$\frac{\mathrm{d}P^j}{\mathrm{d}\tau} = \frac{\mathrm{d}}{\mathrm{d}\tau}\left[m^*(\gamma)\vec{v}\right] = \gamma q\left(\vec{E} + \vec{v}\times\vec{B}\right)$$

となる。さらに $1/\mathrm{d}\tau = \gamma/\mathrm{d}t$ により τ 微分を t 微分にすれば右辺の γ も消えて

$$\frac{\mathrm{d}P^j}{\mathrm{d}t} = \frac{\mathrm{d}}{\mathrm{d}t}\left[m^*(\gamma)\vec{v}\right] = q\left(\vec{E} + \vec{v}\times\vec{B}\right) \qquad (6.112)$$

となり、「相対論的に重くなった粒子の運動量変化が電磁力で引き起こされる」という、とてもわかりやすい式になる。このように m の代わりに $m^*(\gamma)$ を用いると、**固有時間での微分という直観しづらい操作を、通常の時間での微分に変換できる**場合が多い。また速度が小さくなり $m^*(\gamma) \to m$ のとき、これが電磁場中の荷電粒子の非相対論的な運動方程式になることも見やすい。

同様に式 (6.111) の時間成分の両辺に c を掛けたものは、

$$\frac{\mathrm{d}}{\mathrm{d}\tau}\left(\frac{mc^2}{\sqrt{1-\beta^2}}\right) = \gamma q\vec{v}\cdot\vec{E} = \frac{q\vec{v}\cdot\vec{E}}{\sqrt{1-\beta^2}}$$

である。式 (6.105) のエネルギー U を用いると左辺から、また τ 微分を t 微分に置き換えれば右辺から、それぞれローレンツ因子が消え

$$\frac{\mathrm{d}U}{\mathrm{d}t} = q\vec{v}\cdot\vec{E} \qquad (6.113)$$

となって、電場による加速でエネルギーが増加するという、これまた理解しやすい式となる。式 (6.104) でわかるように、非相対論的ならば U の変化は $\frac{1}{2}mv^2$ の変化なので、これはそのまま非相対論的なエネルギー関係式とみなせる。

以上のように、式 (6.110) で四元電磁力を定義し、四元形式に書かれた式 (6.109) の運動方程式に代入すると、空間成分は式 (6.112) のように運動量の変化を、また時間成分は式 (6.113) のようにエネルギーの変化を、それぞれ表す式となった。また速度が小さいとき、それらはニュートン力学で既知の方程式を再現することができた。これにより、ニュートン力学を相対論的に修正する作業は、(少なくとも力が電磁力の場合について) 完了した。ここまでの計算で、電場 $\vec{E}$ や磁場 $\vec{B}$ は観測者系での値であり、運動する粒子の系でのものではない。

6.4.4　相対論的な運動方程式の解の例

新しい方程式が現れたら、必ずそれを解くことが本書の基本なので、簡単な 2 つの例で解いてみよう。扱うテーマは粒子加速だが、不思議なことに相対論の教科書を見ても、これらの簡単な例題が扱われている場合は少ない。

一様電場での荷電粒子の加速

最初の例として、x 方向に一定の電場 E があり、磁場は 0 の場合を考えよう。荷電粒子は $\pm x$ 方向に加速されるから、それに付随した Σ' 系でも磁場は発生せず、運動方程式の第 0 成分と第 1 成分のみ考えればよく、また式 (6.74) より E はどちらの系で見ても同じである。すると式 (6.112) より第 1 成分（x 成分）は

$$\frac{dP^1}{dt} = qE$$

で右辺は定数だから、すぐ積分でき、P^1 の初期値を 0 とすれば

$$P^1(t) \equiv mu^1(t) = mc\,(t/t^*) \tag{6.114}$$

が得られる。ここで qE は静電力、$\alpha \equiv qE/m$ はそれに付随する加速度なので、それを用いて時間の次元をもつ定数

$$t^* \equiv c/\alpha = mc/qE$$

を導入した。つまり**四元運動量の電場方向の成分** $\boldsymbol{P^1}$ **は観測者系の時間 t に比例して増大する**わけで、非相対論の場合と似る。電場方向の 3 次元速度 v を使うと、式 (6.114) は $v/\sqrt{1-(v/c)^2} = c(t/t^*)$ と書け、これを v について解けば

$$v(t) = \frac{c(t/t^*)}{\sqrt{1+(t/t^*)^2}} \tag{6.115}$$

が得られる[♣]。この速度は図 6.17(a) に示すように、$|t| \ll t^*$ では非相対論的な速度 $ct/t^* = \alpha t$ に一致し、$t \gg t^*$ では c に漸近するので、直観と合う。

次に時間成分は式 (6.113) より

$$\frac{dU}{dt} = qEv(t) = \left(\frac{mc}{t^*}\right)v(t)$$

であり、右辺の $v(t)$ に式 (6.115) を代入して積分すると

$$U(t) = \frac{mc^2}{(t^*)^2} \int \frac{t\,dt}{\sqrt{1+(t/t^*)^2}} = mc^2\sqrt{1+(t/t^*)^2} \tag{6.116}$$

が導かれる。積分定数は、$t=0$ で $U(0) = mc^2$ となるように決めた。この $U(t)$ の挙動を図 6.17(a) に示す。検算として、これと式 (6.114) から

$$U(t)^2 = (mc^2)^2\left[1+(t/t^*)^2\right] = (mc^2)^2 + \left(cP^1\right)^2$$

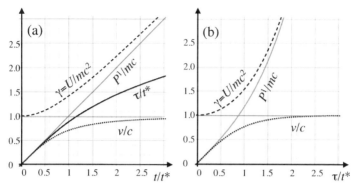

図 6.17 $x = x^1$ 方向に一様な電場 E があるときの荷電粒子の運動。(a) は横軸として規格化された時間 t/t^*、(b) は規格化された粒子の固有時間 τ/t^* を選んだ。破線は $\gamma = U/mc^2$、灰色の実線は P^1 を mc で規格化したもの、点線は x 方向の速度 v を c で割ったもの、(a) の黒い実線は τ/t^* を示す。

が導かれ ♣、式 (6.107) の基本関係がすべての時間で成り立っている。

以上では運動を静止系での時間 t で記述したが、同じことを固有時間 τ で記述してみよう。式 (6.116) よりローレンツ因子が $\gamma(t) = U(t)/mc^2 = \sqrt{1 + (t/t^*)^2}$ で与えられることに注意し、$d\tau = dt/\gamma$ を積分すると、$t = 0$ で $\tau = 0$ として

$$\tau = \int \frac{dt}{\gamma(t)} = \int \frac{dt}{\sqrt{1 + (t/t^*)^2}} = \pm t^* \ln \left| \sqrt{1 + (t/t^*)^2} \pm (t/t^*) \right|$$

という複号同順な 2 つの解が見出される[*91]。それらを別々に書き下し、対数を指数に逆変換すれば、2 つの解は

$$\exp(+\tau/t^*) = \sqrt{1 + (t/t^*)^2} + (t/t^*)$$
$$\exp(-\tau/t^*) = \sqrt{1 + (t/t^*)^2} - (t/t^*)$$

となり、それらを辺々で引けば、t が固有時間 τ の関数として

$$t = t^* \sinh(\tau/t^*)$$

と求まる。これを式 (6.114) と式 (6.116) に戻し、sinh と cosh の関係を用いると、

---

*91 これは高校で学ぶ積分計算のうち、最も難易度の高いものといえよう。

$$P^1(\tau) = m\,u^1(\tau) = mc\sinh(\tau/t^*)$$

$$U(\tau) = cP^0(\tau) = mcu^0(\tau) = mc^2\cosh(\tau/t^*) \tag{6.117}$$

$$v(\tau) = cP^1(\tau)/P^0(\tau) = c\tanh(\tau/t^*)$$

が導かれる♣。図 6.17(b) は、τ の関数として諸量をグラフにしたもので、τ が小さいとき $P^1(\tau) \propto v(\tau) \propto \tau$ と振る舞い、$\tau \to \infty$ では $v(\tau) \to c$ であることが直観できる。式 (6.107) が満たされることも明らかだろう♣。

第 3 の、そしてもっとも直接的な方法として、もともとの運動方程式 (6.111) を u^μ および τ のままで書けば、その第 0 成分と第 1 成分の満たすべき方程式は

$$\frac{dP^0}{d\tau} = \left(\frac{qE}{c}\right)u^1 = \frac{P^1}{t^*}$$

$$\frac{dP^1}{d\tau} = \left(\frac{qE}{c}\right)u^0 = \frac{P^0}{t^*} = \frac{U}{t^*c}$$

である[*92]。この 2 式を組み合わせると、P^0 および P^1 を決める方程式として

$$\frac{d^2P^0}{d\tau^2} = \frac{P^0}{(t^*)^2} \quad ; \quad \frac{d^2P^1}{d\tau^2} = \frac{P^1}{(t^*)^2}$$

が導かれ、それらを適当な初期条件の下で解けば、式 (6.117) が再現する[*93]。以上で、一様な電場による荷電粒子の加速を、相対論的に解くことができた。

式 (6.115) や式 (6.117) 第 3 式から、3 次元速度 v は t や τ が小さいときにはそれらに比例し、$v = c(t/t^*)/\sqrt{1+(t/t^*)^2} \approx c(t/t^*) = \alpha t$ あるいは $v = c\tanh(\tau/t^*) \approx c(\tau/t^*) = \alpha\tau$ と書け、他方 $t \gg t^*$ や $\tau \gg t^*$ では $v \to c$ となることがわかる。このようにある物理量が、最初は変数 u に比例するが、次第に変化がゆるくなり最後は飽和するという現象は、多くの場面で目にする。それらを変数 u と 1 つのパラメータ u_0 を用いて現象論的に表す関数として、$(u/u_0)/\sqrt{1+(u/u_0)^2}$、$\tanh(u/u_0)$、$\arctan(u/u_0)$、ランジュヴァン関数[*94] $\coth(u/u_0) - u_0/u$ などがあり、そのうち 2 つがここで登場したことは面白い。u_0 を調整し、これらの関数がどこまで似た形になるか作図したり、テイラー展開での違いを調べてみると楽しい。

[*92] $t^* = c/\alpha = mc/qE$ だから $qE = mc/t^*$ であることに注意。

[*93] この P^0 と P^1 の連立方程式は、磁場中の荷電粒子の運動を解く、第 2 巻の式 (5.63) に似るが、そこでは一方の方程式の右辺が負符号のため、双曲線関数ではなく三角関数が現れた。

[*94] ランジュヴァン (Paul Langevin; 1872-1946) はフランスの物理学者で、この関数を用い、常磁性体の磁化率を温度の関数として表現した。

一様な磁場中の荷電粒子の運動

別の例として、z 方向に一様な磁場 B がある場合の、相対論的な運動方程式を解いてみよう。そう言うと、回転座標系などを持ち出す必要があり、複雑だと思われるかもしれないが、実は電場加速の場合より、ずっと簡単である。ともあれ式 (6.111) で電場を 0 とし、z 方向に磁場 B があるとすると、時間成分は

$$dP^0/d\tau = 0$$

となって、非相対論的な場合と同様、磁場中の運動ではエネルギーが不変で、γ が一定なことがわかる。空間成分の式は、3 次元速度を (v_x, v_y, v_z) として

$$\frac{dP^1}{d\tau} = qBu^2 = qB\gamma v_y \quad ; \quad \frac{dP^2}{d\tau} = -qBu^1 = -qB\gamma v_x$$

であり、例によって左辺を $1/d\tau = \gamma/dt$ とすれば、両辺から γ が落ち、また γ が一定なことから式 (6.108) で $dP^j/dt = m^*(\gamma)dv_j/dt$ と変形でき、結局

$$m^*(\gamma)\frac{dv_x}{dt} = qBv_y \quad ; \quad m^*(\gamma)\frac{dv_y}{dt} = -qBv_x$$

が得られる。この 2 式は、第 2 巻の非相対論な式 (5.63) で静止質量 m を運動質量 $m^*(\gamma)$ に置き換えたものになっているので、粒子が磁場中を旋回する角周波数は

$$\Omega_c^*(\gamma) = \frac{qB}{m^*(\gamma)} = \frac{\Omega_c}{\gamma} \tag{6.118}$$

と γ に依存するようになり、粒子のエネルギーが増えるにつれ、旋回周期が長くなる。ここに $\Omega_c = qB/m$ は、第 2 巻の式 (5.64) で表される非相対論的なサイクロトロン角周波数である。

6.4.5 荷電粒子の加速とサイクロトロン

上で述べた一様な電場での加速や、一様な磁場での粒子の旋回運動は、じつは原子核や素粒子の実験に不可欠な粒子加速器 (particle accelerator) の動作そのものである。それを見るため、少し歴史を遡ってみよう。

ミューオンの発見

原子核や素粒子の研究にとって、それらを加速し高いエネルギーを与えることは、不可欠な方策である。それにより原子核反応や素粒子反応が起き、新たな粒子が生成され、原子核が励起状態になったりするからである。20 世紀の前半、こうした研究はおもに天然の加速器である宇宙線に頼っており、じっさい、陽電

子（1932 年）、ミューオン（1936 年）、パイ粒子（1947 年）などはいずれも、宇宙線の中に発見された。とくにミューオンは理化学研究所の仁科芳雄（第 2 巻、p.201）らが最初に発見し、結果は米国の論文誌に受理されたが、レターには長過ぎ本論文に回され、船便による書簡の往復などに時間を要したため、米国のアンダーソン (Carl D. Anderson; 1905-1991) らにわずかに先を越されてしまった[*95]。

　この直前の 1935 年、湯川秀樹（京都大学と大阪大学；1907-1981）は、複数の陽子と中性子が陽子どうしのクーロン反発力に抗して結合し原子核を作るのは、それらの間に電磁力とは異なる「核力 (nuclear force)」が働き、それは電子の 200 倍程度の質量をもつ[*96]「中間子 (meson)」の交換によるものだとする理論を発表した。この業績で湯川は 1949 年、日本人として初のノーベル賞を受賞した。ミューオンが発見されたとき、その質量が近かったことから、湯川の予言する中間子かと思われたが、ミューオンは電子と同様、核力に感度をもたないことがわかった[*97]。そこで 1942 年、坂田昌一（名古屋大学; 1911-1970）らは、ミューオンと湯川中間子とは別種で、より重い湯川中間子がより軽いミューオンへ崩壊すると予言した。この考えは 1947 年、パウエル (Cecil Frank Powell：フランス、1903-1969) らが気球を用い、大気上空での宇宙線の中にパイ粒子（パイ中間子、パイオン）を発見することで証明された。このパイ粒子こそが、湯川中間子だったのである。

　こうした研究を通じ、1960 年代には表 6.2 のような、素粒子とそれらの間に働く力の分類ができ上がった。力としては、核力に代表される「強い力」、電磁気学でおなじみの「電磁力」、中性子のベータ崩壊 $^\circ$ n → p + e$^-$ + $\bar{\nu}_e$ などを司る「弱い力」、そして重力の 4 種類だが、この表では重力は省いてある。この表ではまた、第 3 世代のレプトン（タウ粒子 $^\circ$ とタウニュートリノ）が含まれず、1960 年代末に登場した電弱統一理論[*98]にもとづくゲージボソン $^\circ$（光子、W$^\pm$ ボソン、Z ボソン）やヒッグス粒子 $^\circ$ も抜けており、ハドロン（強い相互作用を行う粒子）

[*95]　東京大学宇宙線研究所の西村純・名誉教授の談話にもとづく。仁科らが推定したミューオンの質量は 94-134 MeV で、これは現在の正確な測定値 105.6583 MeV と無矛盾である。

[*96]　第 1 巻、p.226 を参照。この質量は、核力の到達距離に反比例し、不確定性関係の一例となる。

[*97]　ミューオンは寿命が長く、しかも大気や土壌の原子核と核力による相互作用をしないため、二次宇宙線の諸成分のうちとくに地上に到達しやすく、地中にさえ侵入できる。

[*98]　ワインバーグ (Steven Weinberg; アメリカ、1933-2021)、サラム (Abdus Salam：パキスタン、1926-1996)、グラショウ (Sheldon Lee Glashow; アメリカ、1932 -) らが提唱した理論。弱い力と電磁力を、ゲージ場とその対称性の自発的破れとして統一的に記述する。

表 6.2 代表的な素粒子とそれらの間に働く相互作用の分類（1960 年代の理解）

大分類	ハ ド ロ ン a)			軽 粒 子 （レプトン）			
小分類	重粒子(バリオン)		中間子	第 1 世 代		第 2 世 代	
粒子名	陽子 b)	中性子 b)	パイ粒子	(陽) 電子	ニュートリノ	ミューオン	ニュートリノ
記号	$p/\bar{p}$	$n/\bar{n}$	$\pi^+/\pi^-, \pi^0$	e^-/e^+	$\nu_e/\bar{\nu}_e$	μ^-/μ^+	$\nu_\mu/\bar{\nu}_\mu$
質量 c)	938.27	939.56	139.6, 135.0	0.511	–	105.66	–
寿命	安定	14.8 分	–d)	安定	安定	$2.2\,\mu s$	安定
電荷	±1	0	±1, 0	∓1		∓1	
B e)	±1	±1	0	0	0	0	0
L_e e)	0	0	0	±1	±1	0	0
L_μ e)	0	0	0	0	0	±1	±1
スピン	1/2	1/2	0	1/2	1/2	1/2	1/2
強い力 f)	○	○	○	–	–	–	–
電磁力 f)	○	–g)	○	○	–	○	–
弱い力 f)	○	○	○	○	○	○	○

a): ハドロン (hadrons) は強い相互作用を行う粒子の総称で、クォークの複合体である。重粒子と中間子に大別され、重粒子としては陽子や中性子の他に、それらの励起状態や、ストレンジネスをもつ Λ, Σ, Ξ などの粒子があり、中間子もパイ粒子の他に多くの種類がある。

b): p は陽子、p̄ は反陽子、n は中性子、n̄ は反中性子を表す。

c): MeV 単位で表した静止質量 mc^2。各種ニュートリノの質量は 0 ではないが、いずれも小さく、電子ニュートリノ ν_e とその反粒子 $\bar{\nu}_e$ では、< 2.5 eV である。

d): $\pi^\pm$ は弱い相互作用で崩壊するので平均寿命は $2.60 \times 10^{-8}\,s$ だが、π^0 は電磁相互作用で 2 つの光子に崩壊できるので、平均寿命はずっと短く $8.5 \times 10^{-17}\,s$ である。

e): B はバリオン数、L_e は電子レプトン数、L_μ はミューレプトン数で、これらの量子数は電荷とともに、素粒子反応の良い保存量である。

f): 当該粒子がその力（相互作用）に感度をもつなら○、そうでなければ–で示す。

g): 中性子は電荷をもたないので電場とは相互作用しないが、磁気モーメントはもつので磁場とは相互作用できる。

が 6 種類のクォーク♡を用いた表現になっていないなど、現在の「標準模型 (The Standard Model)」から見ると不完全だが、本書に登場する素粒子の分類には十分であろう。ある素粒子反応が起きるかどうかを判別するには、始状態の静止質量エネルギーの総和が終状態のものより大きく、電荷、B, L_e および L_μ が保存することを確認すればよい。上記のベータ崩壊で、この判別条件を確認されたい♣。

静電型線形加速器

20 世紀後半になると粒子加速器の技術が進歩し、それが原子核や素粒子の研究

を駆動するようになった。その出発点になったのが 1930 年代に実現された、静電型線形加速器 (electrostatic linear accelerator) で、その原理はまさに図 6.17 そのものである。すなわち静止していた荷電粒子が $t = \tau = 0$ を出発点に電場中で加速を開始してから、$t \sim t^*$ 程度の時間がたつと、その運動に相対論が効き始め、エネルギーが静止質量エネルギーの ~ 1.4 倍ほどになり、速度 v は c に漸近する。粒子は以降、光速に近い速度で飛行を続け、その運動量は t に比例して増大してゆく。直流高電圧の発生には、コッククロフト・ウォルトン回路$^{\diamond}$やヴァン・デ・グラーフ起電機$^{\diamond}$が使われる[*99]。絶縁耐圧などの技術的制約から、加速電圧は最大でも 10 MeV（1 千万ボルト）程度である。この電圧が、粒子の獲得できるエネルギー（静止質量エネルギーを差し引いたもの）の最大値であり、電子は十分に相対論的になる。陽子や陽イオンは、この方法では相対論的な域までの加速はできないが、原子核反応を起こさせることは可能だった。

サイクロトロンによる荷電粒子の加速

静電型線形加速器より高いエネルギーを実現すべく登場したのが磁場を用いた円形加速器であり、その代表が、1932 年にローレンス[*100]が開発したサイクロトロン (cyclotron) である。図 6.18(a)(b) はその説明で、z 方向に一様な磁場 $\vec{B}$ が印加され、加速すべき粒子群（質量 m と電荷 q をもつ）は、(x, y) 平面内で磁場の周りを旋回する。これは p.86 で扱った問題そのものであり、粒子の角速度は非相対論的な場合、式 (6.118) のサイクロトロン角周波数 Ω_c で与えられる。粒子の旋回面には、D の形をした一対の「D 型電極」が向かい合い、両者の間に角周波数 Ω_c で逆符号の交流電場を印加すると、間隙部分にのみ電場が生じる。旋回する粒子のうち、間隙において加速する向きに電場を受ける条件にあるものは、この間隙を通るたび加速されてエネルギーを増やし、旋回速度 v を高める。粒子の旋回半径 $r = v/\Omega_c$ も徐々に大きくなるが、非相対論的な範囲ならば Ω_c は v によらないため、上記の加速条件を満たす粒子たちは加速され続け、最後に高エネルギーになって取り出される。そのため図 6.18(b) で、渦巻き軌道の中心近くにある低エネルギーの粒子から、外側にある高エネルギーの粒子まで、同じ Ω_c でまとめて加速でき、加速ずみ粒子が連続的に取り出せる。たとえば $B = 1$ T (10 kG) の磁場で陽子を加速する場合、交流電圧の周波数は $f_c = \Omega_c/2\pi = 15.3$ MHz である。粒子の

---

*99　John Douglas Cockcroft (1897-1967) はイギリス、Ernest Thomas Walton (1903-1995) はアイルランド、Robert Jemison Van de Graaff (1901-1967) はアメリカの物理学者。

*100　Ernest O. Lawrence (1901-1958) は米国の物理学者で、1939 年にノーベル物理学賞を受賞。

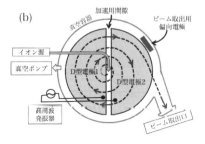

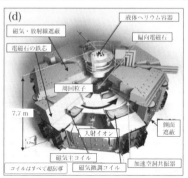

図 **6.18** サイクロトロン加速器の構造。(a) 横から見た概念的な断面図。(b) 同じく平面図で、ここでは磁場生成用の電磁石は省略してある。(c) 理化学研究所で 1952 年に作られた 3 号サイクロトロンの心臓部で、D 型電極の半径はおよそ 28 cm。これは (a) に破線で示した「真空容器」の部分にほぼ相当し、巨大な電磁石と組み合わされる。(d) 理化学研究所・仁科加速器科学研究センターで 2006 年から稼働中の超伝導リングサイクロトロン (Superconducting Ring Cyclotron) の全貌を、部分的にカットして示したもの。(c) と (d) は理化学研究所提供。

q/m 比に合わせて f_c を選ぶと、さまざまなイオンを加速できる。

サイクロトロンでは粒子のエネルギーが相対論的になるにつれ、$m^*(\gamma)$ が増大するので $\Omega_c(\gamma)$ が一定という条件が破れ、粒子たちの旋回位相は、電極に印加される高周波に対し遅れ始め、加速が難しくなる。これがサイクロトロンの限界で、陽子の場合は 100 MeV 程度が上限とされる。より高いエネルギーにまで加速するには別の方式が必要で、その代表格であるシンクロトロン (synchrotron)[101]では、粒子のエネルギーが高まり $m^*(\gamma)$ が増大するにつれ、加速用の交流電場の周波数 f_c を下げるとともに、磁場 B を強めて粒子の旋回半径が一定に保たれるように制御する。加速ずみ粒子は連続的ではなく、間欠的に取り出される。

サイクロトロンで得られた多くの結果のうち、とくにわかりやすい例として 1936 年、重陽子を加速してモリブデン標的に衝突させた結果、原子番号 43 のテ

クネシウム（Tc; technetium、テクネチウムとも）が微量ながら作られた。この元素はすべての同位体が不安定なため、天然にはほとんど存在せず、人工的に生成された元素なので、「人工的」を意味するギリシャ語 technetos にちなみ命名された。実はそれに先立つ 1908 年、化学者の小川正孝（東北大学など：1865-1930）がトリウム鉱石に、原子量が約 100 の 43 番目の元素を発見したと発表し、一時はニッポニウム (Np) と命名されたが、後にそれは、当時は未発見だった 75 番元素のレニウムだったらしいことが判明した。ニッポニウムの名前と元素記号 Np は取り消され、Np は後に 1940 年頃、加速器で人工的に作られた「超ウラン元素」である、93 番元素ネプツニウム (Neptunium) の元素記号となった。時を経て 2010 年代、理化学研究所の森田浩介（1957-; 現在は九州大学教授）らは、線形加速器を用いて亜鉛とビスマスの原子核を総計 4×10^{14} 回も衝突させ、113 番元素の原子核（寿命は 2 ms 程度）を数例、生成することに成功した。2016 年、この快挙は国際的に認められ、113 番元素にはニホニウム (Nh) の名称が与えられて、森田らの長年の努力が報いられた。

日本のサイクロトロン

　サイクロトロンは多くの利点をもつため、実験核物理学や放射線医療に多用されており、国内で 50 基ほどが稼働しているという[102]。その中でも特筆すべきなのは、理化学研究所（理研）で仁科博士を中心に建造された歴代のサイクロトロンであろう[103]。ローレンスによる発明からわずか 3 年後、仁科らは理研に 1 号サイクロトロンを建造し、それを大型化した 2 号機（本家ローレンスのものより大きかった）も加えて活発な実験的研究を推進した。しかし第二次世界大戦の敗戦直後、理研の 2 台のサイクロトロンや京都大学の同様な装置は、米国進駐軍により軍事研究と誤認され、東京湾の海底に投棄されてしまい、仁科博士はその後の 1951 年に 60 歳で病没した[104]。来日したローレンスの後押しもあって、後継者たちは 1 号機の予備部品を使い、1 号機とほぼ同じ設計をもつ図 6.18(c) の 3 号サイクロトロンを建造し、戦後の研究の途を拓いた。その後、理研では継続的に新世代のサイクロトロンが建設され、5 号機（1986 年に完成）から図 6.18(d) の最新 9

---

[102]　小型のものはカタログ製品として市販されている。

[103]　この歴史については、奥野広樹「理研 3 号サイクロトロンの移設と『復活』」、「加速器」第 18 巻 第 3 号、pp. 161-168 (2021) に詳しい。

[104]　戦後の理研の運営に伴う心労、心血注いだサイクロトロンの投棄に加え、原爆投下の直後に広島と長崎を視察したことによる放射線被曝も加わった可能性があるという。

号機までが、現役として稼働している。これらは単独で働くより、1 台の出力ビームを次の加速器に入力してさらに加速するなど、おもに直列配置で使われる。とくに 2006 年に完成した 9 号機は、電磁石でのジュール損失を減らすため超伝導コイルを用いるなど、卓越した設計により世界最高レベルの性能を発揮し、おもに不安定原子核の研究で優れた成果を挙げつつある。

　こうした加速器の設計・建造・運転には、基礎となる電磁気学や相対論、相対論的量子力学（加速された粒子のエネルギー損失の計算など）を駆使した、超高精度の数値設計が必要であるだけでなく、さまざまな実験技術や工学が必要となる。図 6.18 で推測できるように、ビーム旋回領域から大気を除去する真空技術、効率よくイオンを供給するためのプラズマ科学、加速用の高周波電場を供給する大電力マイクロ波工学、電極での放電を防ぐ高電圧と絶縁の知識、電磁石のジュール熱を除去する熱設計（超伝導の電磁石を用いる場合はその技術）、高性能の電磁石を実現するための強磁性体の知見、重力や熱による加速器のひずみを最小化する材料選定と構造設計、加速された粒子が発する放射線の防護技術、電力消費を平滑化する給電技術など、多岐にわたっており、総合理工学といえよう。

6.5　宇宙・原子核の研究における具体的な事例

　第 6 章の締めくくりに、原子核や宇宙の研究において、相対論がどのように発現するかを見よう。ただし特殊相対論に限るという立場から、ビッグバン宇宙、ブラックホール、重力波、重力レンズなどの話題は、控えめに扱うことにする。

6.5.1　質量欠損と原子核の質量公式

　日常生活で「質量の保存」が成り立つことは、誰しも知っている。自動車を走らせればガソリンが減り、石油ストーブをたけば灯油が減る現象も、これら有機物が大気中の酸素と結合し、おもに二酸化炭素と水になって拡散する結果であることを、少なくとも頭では理解できている[105]。ところが相対論が効くような高いエネルギー領域になると、もはや質量は保存されず、質量を静止質量エネルギーと読み

---

[105]　18 世紀末まで、物質が燃えるのは、そこに含まれるフロギストン (phlogiston) という成分が抜けるからだと信じられていた。1798 年頃に初めて実験室で物質間の重力の測定に成功した英国の科学者キャヴェンディッシュ (Henry Cavendish：1731-1810) でさえ、フロギストンを信奉しており、彼が水素を発見したとき、それがフロギストンだと主張したとされる。フランスの化学者ラヴォアジェ (Antoine-Laurent de Lavoisier; 1743-1794) の努力により、燃焼は酸素との結合過程であることが徐々に明らかになった。

替え、エネルギー保存則に統一されることになる。

原子核の質量欠損

　質量まで含むエネルギー保存則の好例が、原子核の質量である。原子核は核子（陽子、中性子）の複合体で、通常その陽子数（＝原子番号）を Z、中性子数を N、質量数を $A \equiv Z + N$ で表す。この原子核の質量を $M(Z, N)$ と書き、以下では静止質量エネルギー $M(Z, N)c^2$ を単に質量と呼び、MeV 単位で表す。そして表 6.2 の陽子質量 $m_p = 938.27$ MeV と中性子質量 $m_n = 939.56$ MeV を用い

$$M(Z, N) = Zm_p + Nm_n - \Delta M(Z, N) \tag{6.119}$$

と書いたとき、$\Delta M(Z, N)$ を「質量欠損 (mass defect)」と呼ぶ。それは一般に正なので、1 個の原子核の質量は構成核子の質量の総和よりわずかに小さく、目減り分が結合エネルギーに化けたと解釈できる。$\Delta M(Z, N)$ が大きい核は、質量が軽く、核子どうしが強く結合する結果、安定となる。その代表例が、2 個の陽子と 2 個の中性子からなるヘリウム 4 の原子核 $^4_2\mathrm{He}$（すなわち α 粒子）である[106]。その質量 3727.38 MeV は $3.9726m_p$ ないし $3.9672m_n$ なので、質量欠損は 28.28 MeV、つまり質量の 0.76% に達し、結果として $^4_2\mathrm{He}$ は高い安定性をもつ。

　図 6.19 は、安定同位体をもつ元素について、その最も存在比の高い同位体[107]の $\Delta M(Z, N)$ を、A に対し示したものである。丸印に重ねた黒い曲線はデータ点を結んだものではなく、「ベーテ・ヴァイツゼッカーの質量公式 (mass formula)」[108]と呼ばれる理論式の予言を示し、それは

$$\Delta M(Z, N) = a_1 A - a_2 A^{2/3} - \frac{a_3 (N - Z)^2}{A} - \frac{a_4 Z^2}{A^{1/3}} \tag{6.120}$$

で与えられる。4 つの正係数の値は、$a_1 \approx 15.9$ MeV、$a_2 \approx 17.2$ MeV、$a_3 \approx 23.3$ MeV、$a_4 \approx 0.673$ MeV であり、データとの一致は感動的でさえある。以下、式 (6.120) を頼りに図 6.19 を読むが、そこに示したデータ点や理論式は、核子 1 個あたりに直した $M(Z, N)/A$ であることに注意されたい。

---

[106]　原子核の核種は、元素記号の左上に質量数 A、左下に陽子数（原子番号）Z を添えて表す。

[107]　たとえば酸素では $^{16}\mathrm{O}$、$^{17}\mathrm{O}$、$^{18}\mathrm{O}$ のうち $^{16}\mathrm{O}$ である。一般にそれは安定同位体だが、インジウムとテルルでは例外的に、超長寿命の不安定同位体が、安定同位体より高い存在比をもつ。

[108]　Carl Friedrich Freiherr von Weizsäcker (1912-2007) はドイツの物理学者。彼の父エルンストはナチス・ドイツの外務次官だったが、彼の弟リヒャルトは戦後ドイツの大統領になった。Hans Albrecht Bethe (1906-2005) はドイツからアメリカに渡った物理学者。星の内部の核融合の考えを確立し、1967 年にノーベル物理学賞を受賞した。

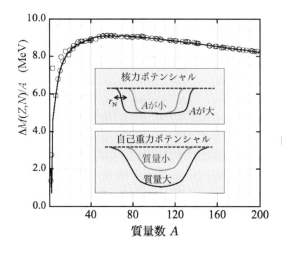

図 **6.19** 原子核の核子あたりの質量欠損 $\Delta M(Z,N)/A$ を、質量数 A の関数として MeV 単位で示す。丸印は実データ（本文参照）、曲線はベーテ・ヴァイツゼッカーの質量公式。挿入図は、核力ポテンシャルと重力ポテンシャルの違いの模式図。

1. 体積項: 原子核の特徴の 1 つは、その「圧縮しにくさ」にある。じっさい核子の半径は、それが原子核の中にあるか否かによらず、

$$r_N \approx 1.2 \times 10^{-15} \text{ m} \tag{6.121}$$

で与えられる。またどの原子核でも質量密度はほぼ一定値

$$\rho_N \approx m_p / \left(\frac{4\pi}{3}\right) r_N^3 \approx 2.5 \times 10^{17} \text{ kg m}^{-3} = 2.5 \times 10^{14} \text{ g cm}^{-3} \tag{6.122}$$

をとり、原子核の体積は A に比例する。そのため式 (6.120) の第 1 項は「体積項」と呼ばれる。核力は近接力だから、核子は隣の核子と触れていればそれで満足してエネルギーが a_1 だけ下がり、核内で離れた位置に仲間がいるかどうかは気にしない[*109]。結果として原子核の全体では、結合エネルギーが $a_1 A$ になる。

2. 表面項: 体積項だけなら、図 6.19 で $\Lambda M(Z,N)/A$ は横一直線になるはずだが、実際には A の小さい方に向けて急激に減少する。これは質量公式 (6.120) の第 2 項の効果であり、それは表面項と呼ばれる。なぜなら $A \propto r_N^3$ という性質の結果、$A^{2/3} \propto r_N^2$ は原子核の表面積を表すからである。この減り分は、原子核の表面にある核子にとって、半身は他の核子に触れているが残り半身は外界にさらされ、その

---

*109　これは寒冷地のニホンザルが冬に密集し「猿ダンゴ」を作ることと良く似ている。個々のサルは仲間とくっつけば心地よくなり、その心地よさが一匹当たり a_1、群れ全体では $a_1 A$ である。表面項は、ダンゴの最外縁にいるサルにとって、体の半分は暖かいが残り半分は寒風にさらされ、そのぶん心地よさが減る効果を表す。猿ダンゴが丸いのも表面張力で理解できる。

分だけ安定性が減るためで、原子核全体としての減り分は表面積に比例し $-a_2A^{2/3}$ となる。体積が一定のとき、この減り分を最小限にすべく表面積を極小にする結果、原子核は基本的に丸い。水滴が表面張力で丸くなることと同じ理屈である。

3. アイソスピン対称性の項: 軽い原子核の特徴として、陽子と中性子の数がほぼ等しく、この性質は「アイソスピン対称性」♡ と呼ばれる*110。その結果 $N \gg A/2$ の核はベータ崩壊♡ で、$Z \gg A/2$ の核は逆ベータ崩壊♡ や軌道電子捕獲♡ を通じ、ともに $Z \approx N$ の核種に到達する。しかし重い核では次に述べるクーロン反発力のため、Z を減らそうとする効果が働き、式 (6.120) の第3項と第4項がせめぎあうため、陽子が $A/2$ よりやや少なく中性子が $A/2$ よりやや多い核種が実現する。

4. クーロン反発力の項: 原子核の半径は $A^{1/3}$ に比例するから、質量公式の第4項は陽子間のクーロン反発力による不安定化を表す。核力は短距離力なので、その結合エネルギーは体積項として $\Delta M \propto A$ で増えるが、遠距離力であるクーロン反発項（の絶対値）は $\propto Z^2$ で増えるわけで、重力でガスが凝集するさい、解放される自己重力エネルギーがガス球の質量の2乗に比例する（第1巻§3.4.2）ことと同じである。図 6.19 の模式図のように、核力ポテンシャルの深さは A によらないが、クーロンポテンシャルの深さは Z に、また重力ポテンシャルはガス球の質量に比例する。そのため**重い核になるほど、体積項に比べてクーロン反発項が効き、$\Delta M(Z,N)/A$ がゆるやかに減少し、次第に安定性が低下する。**

核図表と安定ライン

図 6.19 は安定な核種のみ集めたが、不安定核まで含めて示すには、図 6.20 の「核図表 (nuclear chart)」が基本的な重要性をもつ。これは横軸に N、縦軸に Z をとり既知の原子核を並べたものである。安定核の並びを「安定核ライン」と呼び、それは軽い核ではアイソスピン対称性により $Z \approx N$ に沿うが、A が増えるにつれクーロン反発力で N の大きい側に曲がる。この曲がり方を式 (6.120) で再現してみよう。それにはこの公式を式 (6.119) に代入し、A 一定の条件で $M(Z,N)$ を Z（ないし N）で微分し、極値条件を求めればよい。具体的には、核図表で A が一定の条件は、左上から右下に走る直線だから、その線 $(dN+dZ=0)$ に沿って微分を行い、それを0と置けば、安定ラインの理論予測が

$$Z = \left(\frac{A}{2}\right)\left[\frac{1+(m_n-m_p)/4a_3}{1+(a_4/4a_3)A^{2/3}}\right] = \left(\frac{A}{2}\right)\left[\frac{1.014}{1+0.0072A^{2/3}}\right] \tag{6.123}$$

*110 空間スピンに類似した抽象的なスピン空間で、陽子を上向き、中性子を下向きの状態とみなし、上下の対称性が成り立つとする考え。これは現在ではクォークの立場で記述される。

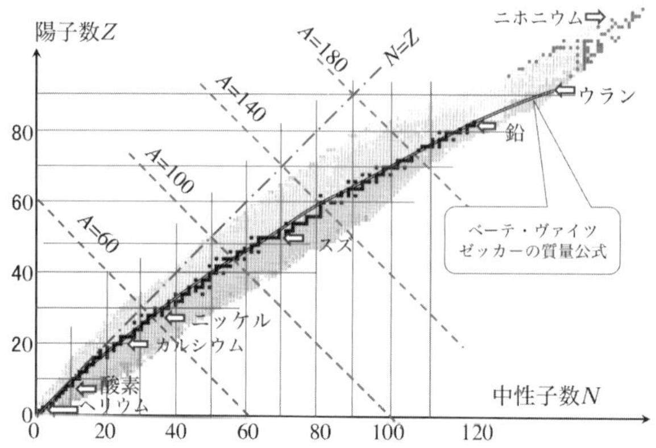

図 **6.20** 核 図 表 の 例。黒点 は 安 定 核、灰 色 領域 は 不 安 定 核、曲 線 は 式 (6.123) の 安定 ラ イ ン を 示 す。名称 を 示 し た 元素 は ニ ホ ニ ウム を 除 き、Z が「魔 法 数」の も の で あ る。Wikipedia よ り 引用 改 変。

と得られる ♣。因子 $[\cdots]$ が $Z = A/2$ からのズレを表し、$m_\mathrm{p} \approx m_\mathrm{n}$ とみなせば、そ れは a_4/a_3 という比で決まる。この式 (6.123) の関係を核図表に二重の曲線で示す と、実測された安定ラインを、みごとに再現することがわかる。さらに式 (6.123) の Z を式 (6.120) に戻して Z および $N = 2A - Z$ を消し、$\Delta M(Z, N)$ を A のみの関 数として求めると、図 6.19 に記入した曲線が再現できる[*111]。

このようにベーテ・ヴァイツゼッカーの質量公式は、現象論ながら優れた表現 を提供してくれる。より基本的な原理に戻って、第 1 巻 §3.4.4 で星の自己重力エ ネルギーを求める手続きにおいて、クーロンポテンシャルの代わりに、第 1 巻の 式 (2.217) の湯川ポテンシャルを用いて核力を表すと、ちゃんと体積項と表面項が 導かれる[*112]。計算が面倒なのでここでは省略するが、挑戦するとよい ♣。

宇宙の元素組成

原子核のもつ基本的な性質と、宇宙での元素合成の過程を総合的に反映するの が、図 6.21 に示す原子・太陽系の元素組成 (abundance) で[*113]、これは現在の宇宙 での平均的な組成と大差ないとされる。水素が圧倒的に多く、ついでヘリウムが多 い。これは 138 億年前に宇宙が「無」からインフレーション♡ とビッグバン♡ で

[*111] 厳密に言えば図 6.19 の曲線は、式 (6.123) は使わず、代わりに実在する安定核の Z と $A = Z + N$ を使って計算したものだが、その差はほとんど無視できる。

[*112] 残る 2 項のうちクーロン反発項は星の自己重力と同じである。ただしここでの現象論には量 子論が含まれないので、アイソスピン対称項を導くことはできない。

[*113] 太陽光の光学観測、隕石の分析などから決定された。

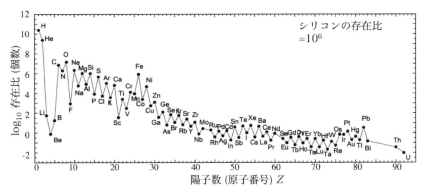

図 **6.21** 原始太陽系の元素組成。Z の関数として、原子核の個数の存在比を対数表示してあり、シリコンの個数を 10^6 と定める。Wikipedia より引用。

誕生し、さまざまな素粒子とその反粒子が対生成された後、宇宙が膨張で徐々に冷えてゆく中、粒子と反粒子の間に微小 ($\sim 10^{-9}$) な非対称性が生じ、粒子たちが対消滅してゆく中で、わずかに過剰になった陽子、中性子、電子などが生き残り、そこから「最初の 3 分間」でヘリウムが合成された結果である[114]。他方、リチウム、ベリリウム、ホウ素は極端に少ない。実は $A = 5$ と 8 に安定な原子核が存在しない溝があり、とくに $^4_2$He が 2 つ集まった $^8_4$Be が本来は安定なはずなのに、なぜかたいへん不安定なため、初期宇宙はこの溝を飛び越えられなかったのである。

　宇宙で星が形成されると、その内部の核融合で、ほぼ三体反応として $3 \times {}^4_2$He$\to {}^{12}_6$C が進むため、炭素になると急に存在量が増える[115]。そこからカルシウムあたりまでは特徴的な上下振動が見られ、偶数の Z をもつ元素が、奇数の Z の元素より有意に多い。この挙動は星内部での熱核融合が、おもに $^4_2$He を構成単位として進み、Z と N が偶数の原子核が多くできるためである。この挙動は図 6.19 でも、質量公式で表現できない細かい振動として、大きな A まで続いている。それは量子力学的な効果であって、核子が核力ポテンシャル内で固有状態をもつとき、スピンの上下のものがペアを作り安定化するなどによる[116]。また 2、8、20、28、50、82、

*114　松原隆彦『現代宇宙論——時空と物質の共進化』（東京大学出版会、2010）が良い教科書である。「最初の 3 分間」は S. Weinberg（p.87、脚注 98）の *The First Three Minutes* を意識したもの。

*115　これは地球上で生命が誕生するための要件の 1 つといえる。

*116　原子の電子配置で、同じ軌道にスピンの上向きと下向きの電子がペアで入ると、化学的活性が低い原子になる（その好例が不活性ガス）ことと同じである。

126 は原子核の「魔法数 (magic number)」と呼ばれ、Z や N がそのどれかに一致する核種は、とくに安定で存在量が多い[117]。

元素の存在比は一般に A の増える向きに減少するが、鉄 ($Z = 26, A \approx 56$) とその周辺の元素は突出して多く、$Z > 30$ では減少する。これは図 6.19 で見るように、核子 1 個当たりの質量欠損（結合エネルギー）が $A \approx 60$ で最大になるからである[118]。新幹線のレールやビルの鉄骨が鉄で作られ、高等生物の血液中のヘモグロビン♡ が鉄化合物であることは、すべて鉄が宇宙に多いことの結果である。これらの元素は、重い星の進化において核融合で作られるほか、白色矮星にガスが降り積もって超新星爆発を起こすさいに多く合成される（第 1 巻 §3.4.7）。

鉄より重い元素の合成は、星の内部、あるいは超新星爆発のさい、いくつかの過程で作られるとされるが、まだ不明な点が多い。今後、宇宙 X 線による各種天体の元素組成の測定、安定ラインから離れた原子核の性質を理解する実験核物理学、不安定原子核の理論的研究などの進展により、こうした「宇宙の錬金術」のカラクリが、次第に明らかになると期待される。

原子と原子核の違い

「原子」と「原子核」は一緒に考えられがちだが、両者は画然と異なる。違いの根源は、**式 (6.121) の核子半径が、原子の間隔を決めるボーア半径 a_0（第 2 巻の式 5.183）より 5 桁も小さい**ことにある。結果として ρ_N は通常物質の質量密度より 14 桁も大きい。また「原子」の世界で電子と陽子の間のクーロン相互作用が水素原子の電離ポテンシャル 13.6 eV で代表されるのに対し、原子核内での陽子間のクーロン相互作用は、半径に反比例して 5 桁も大きい～ 1 MeV になり、そのため質量公式で $a_4 \sim 1\,\mathrm{MeV}$ である。さらに化学反応のエネルギーは電子 1 個あたり～ 1 eV（第 1 巻、p.359）だから、核融合♡ や核分裂♡ で得られるエネルギーは、**化学反応で得られるエネルギーに比べ、重量あたり 6 桁も多い**。これが、原子力発電[119]がその危険性にもよらず推進されてきたことや、困難を乗り越え熱核融合

---

[117] $Z = 82$、$N = 126$ の $^{208}_{52}\mathrm{Pb}$ は「二重魔法核」で、そのため鉛は多量に存在する。

[118] 鉄より軽い核では表面項が効くため、またより重い核ではアイソスピン対称項とクーロン反発項の攻防が強まる結果、ともに安定性が減ってしまう。

[119] 原子力 (atomic energy) や原子爆弾 (atomic bomb) という表現は、本来は誤りであり、原子核エネルギー (nuclear energy) や核爆弾 (nuclear bomb) と呼ぶべきである。

実験が進められていること[*120]の根拠であり、また核兵器が、人類の歴史や文化を根こそぎ滅ぼす危険性をもつ脅威であることの理由でもある。

ヘリウム 4 は質量欠損が大きく（図 6.19 で左上にとび抜けた点）、それらを水素から核融合するさいは核子あたり $\sim 7\,\mathrm{MeV}$ が取り出せるが、クーロン反発力に逆らって陽子どうしをトンネル効果°で接触させるため、熱核融合では $10^8\,\mathrm{K}$ に達する高温を必要とする。他方で核分裂は重い原子核が自発的ないし他の粒子の衝突で二分する過程であり、その連鎖を制御された形で行えば原子力発電、破局的に行えば核兵器となる。図 6.20 でいうと、ウランなどの (N, Z) 平面でのベクトルを約半分にすると、生じた娘核は中性子が過剰なため、安定ラインより下にあり、それらが安定ラインに近づくさいに放出するエネルギーが利用されるが、必然的に強い放射能を伴う。

6.5.2 電磁波のドップラー効果

本章の冒頭で、音波が大気という絶対静止系に対して一定の速度で進む結果、音のドップラー効果は、音源と観測者の相対速度が同じでも、どちらが運動するかにより形が変わることを述べた。光の場合、エーテルに象徴される絶対静止系はないので、光のドップラー効果は、光源と観測者のどちらが運動するか区別なしに記述できるはずであり、それを確かめよう。§ 6.4.3 では力を f で表したが、ここでは同じ f を音波や電磁波の周波数に用いるので、注意ねがいたい。

ガリレイ変換による音波ドップラー効果の説明

まず 高校で学んだ音波のドップラー効果を復習するため、ここでもガリレイ変換に登場してもらい、(ct, x) 平面で考えよう。図 6.22(a) では音源が $x = 0$ に静止し、その時間経過は OP で表現される。この音源は $-x$ 方向に一定の音速 $s > 0$ で音波を出すとし、その山を左上がりの平行な直線群で表す。観測者 A は最初 $x < 0$ にいて、x 方向に速度 $\beta s\,(0 < \beta < 1)$ で音源に近づき、ある時間の後、$x = 0$ の P 点に達したとする。周波数は一定時間に通過する音波の山の数に比例し、図の A′ 点を補助に用いると AP に含まれる山の数は A′P のものと等しいから、静止系での音波の周波数を f_0、A が観測する周波数を f とすれば、

[*120] 2023 年現在、日本・欧州・米国・ロシア・韓国・中国・インドの 7 極の協力にもとづき、高温プラズマ中での核融合を実現すべく、ITER（イーター）計画が進められており、フランスに建造された実験炉が 2025 年の運転開始を予定している。

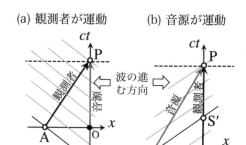

(a) 観測者が運動　　　**(b) 音源が運動**

図 **6.22**　ガリレイ変換による音波のドップラー効果の記述。斜めの実線群は音波の山を表す。(a) $x < 0$ にいる観測者 A が $+x$ 方向に運動し、$x = 0$ に静止した音源に近づく場合。$-x$ 方向に伝わる音波を考える。(b) $x < 0$ にいる音源 S が $+x$ 方向に運動し、$x = 0$ に静止した観測者に近づく場合。音波は $+x$ 方向に伝わるとする。

$$f_0 : f = \mathrm{OP} : \mathrm{A'P} = \mathrm{OP} : (\mathrm{OP} + \mathrm{A'O})$$

が成り立つ。さらに s および β の定義により $\mathrm{A'O} : \mathrm{OP} = s^{-1} : (\beta s)^{-1} = \beta : 1$ だから、$f_0 : f = 1 : (1 + \beta)$ となり、

$$f = f_0(1 + \beta) \tag{6.124}$$

という、おなじみの式が導かれる。$\beta < 0$ の場合も同様である♣。

　図 6.22(b) は、$x < 0$ にある音源 S が x 方向に速度 βs で運動し、$x = 0$ に静止している観測者に近づく場合を表す。音源から見て観測者は x の大きい側にいるから、(a) とは逆に、$+x$ 方向に進む音波を考える。また観測者と音源のどちらが運動するにせよ、**互いに近づく場合に β が正であると定義している**[121]。すると先ほどと同様に、同一時間の間に音源の出す音の山数は S'P に、また観測者の受ける山数は OP に比例し、$\mathrm{OS'} : \mathrm{OP} = s^{-1} : (\beta s)^{-1} = \beta : 1$ なので、

$$f_0 : f = \mathrm{S'P} : \mathrm{OP} = (\mathrm{OP} - \mathrm{OS'}) : \mathrm{OP} = (1 - \beta) : 1$$
$$\Rightarrow \quad f = f_0 / (1 - \beta) \tag{6.125}$$

という、これまたおなじみの式が得られる。

　音源と観測者の両者が運動する場合は、以上の結果を組み合わせればよい。またここでは音源と観測者の相対運動が、両者を結ぶ直線に対し平行な場合を扱ったが、相対運動がこの直線から角度 θ だけ傾いている場合は、β を $\beta \cos \theta$ で置き換えればよく、$\theta = \pm 90°$ の場合、音波のドップラー効果は起きない。

---

*121　これは便宜上だから、遠ざかる場合に正としてもまったく差し支えない。

電磁波の縦ドップラー効果

本題の電磁波のドップラー効果を考えるには、図 6.22 で音源を電磁波源（光源）と読み換え、音速 s を光速 c に、また $\beta = v/s$ を $\beta = v/c$ とするが、それに加え重要な違いが生じる。図 6.22(a) で $f_0 : f$ を計算するとき、ガリレイ変換の性質により、AP と OP は同じ時間経過をもち、(b) では SP と OP がそうだと考えた。しかし相対論では運動する系の時間進行が遅れるので、図 6.22(a) で運動する AP の表す時間経過は OP のものより短く、(b) では同様に SP は OP より短い時間経過を表す。これらは、運動するミューオンの寿命が延びることと、同じ理屈である。同じ時間経過で山数を比較するには、観測者が運動する場合は $f_0 : f =$ OP$/\gamma :$ A$'$P = OP $: \gamma$A$'$P とすべきなので、式 (6.124) は修正され、

$$f = \gamma f_0 (1 + \beta) = f_0 \frac{1 + \beta}{\sqrt{1 - \beta^2}} = f_0 \sqrt{\frac{1 + \beta}{1 - \beta}} \tag{6.126}$$

となる。光源が動く場合も同様に $f_0 : f = \gamma$S$'$P $:$ OP から、式 (6.125) は

$$f = \frac{f_0}{\gamma(1 - \beta)} = f_0 \frac{\sqrt{1 - \beta^2}}{1 - \beta} = f_0 \sqrt{\frac{1 + \beta}{1 - \beta}} \tag{6.127}$$

と修正され、観測者が動く場合と完全に同じ結果が得られる。つまり光源と観測者の相対運動が、電磁波の進行方向に平行または反平行な場合、**周波数の変化は光源と観測者の相対速度のみで決まり、どちらが動いていると考えてもよく**、両者が近づく（$\beta > 0$）なら周波数は上がり、離れる（$\beta < 0$）なら下がる。この効果を電磁波の「縦ドップラー効果 (longitudinal Doppler effects)」と呼ぶ。時間を反転すると β の符号が変わり、$\sqrt{(1 + \beta)/(1 - \beta)}$ が逆数になるから f/f_0 と f_0/f が入れ替わる。これは時間反転により信号の送り手と受け手が入れ替わることを意味し、つじつまが合う。まさに相対論が相対的であることが確認できた[122]。以下、比 f/f_0 を「ドップラー因子 (Doppler factor)」と呼ぶ。

自動車の速度違反を監視したり、野球で投手の球速を測ったりするスピードガンは、一種のレーダーで[123]、マイクロ波のパルスを送り、ボールや自動車からの反射を測定し、縦ドップラー効果により周波数の微小な（$\sim 10^{-9}$）変化を計測する。

式 (6.124)、(6.125)、(6.126) について、ドップラー因子を β の関数として示す

---

[122] 相対論によるドップラー効果の説明で、この点を強調したものが、意外に少ない。

[123] RADAR は、RAdio Detection And Ranging の略語で、ranging は測距を意味する。

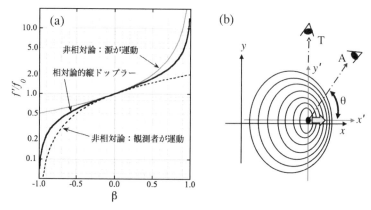

図 **6.23** (a) 相対論的な縦ドップラー効果の式 (6.126) と (6.127) を、非相対論的な場合の式 (6.124) および (6.125) と比較し、β の関数として片対数表示したもの。(b) (x, y) 平面で光の波面が伝搬する様子。計算は厳密ではない。A は一般の観測者を表し、T では横ドップラー効果が観測される。

と図 6.23(a) になり、$|\beta| \ll 1$ では三者はよく一致する。縦軸に対数目盛りを用いたので、β の符号を変えると上下が反転する（f/f_0 と f_0/f が入れ替わる）ことも直観できる[124]。式 (6.126) は、非相対論的な 2 つの式の相乗平均であり、相対論的ドップラー因子の曲線は、非相対論的な 2 つの曲線の縦軸の中点を通る。

電磁波の横ドップラー効果

図 6.23(b) は、より一般の場合について、電磁波の波面の変化としてドップラー効果を視覚化したもので、図 6.15(a) や (b) に似る。Σ' では光源から波面が同心円状に広がるが、それを Σ で見ると、ローレンツ収縮で x 軸に沿って圧縮されるとともに、光源の進行前面では波面の間隔が縮み、逆に背面では広がる。この図に示すように以下、光源は Σ' (x'^μ) 系の原点に固定され、x 方向に速度 $\beta c > 0$ で運動するとし、今度は観測者 A が $\Sigma(x^\mu)$ の任意の空間座標にいるとして計算しよう[125]。

まず Σ' 系で、この光源が発する単色光の空間波数を $\vec{k'} = (k'_x, k'_y, k'_z)$、角周波数を $\omega' = ck'$ $(k' = |\vec{k'}|)$ とすれば、$\{k'_\mu\} = (-k', \vec{k'})$ は世界長さ 0 の四元共変ベクトルである。電磁波は (x', y') 平面を進むとして $k'_z = 0$ と仮定し、光の電磁ポテンシャ

---

[124]　第 1 巻、p.319 の脚注 89 を参照。

[125]　観測者 A が x 軸上にいる場合は縦ドップラー効果に帰着する。

ルを $\propto \exp(i\phi)$ と書けば[126]、位相 ϕ は四元スカラーで、Σ' 系では

$$\phi = k'_\mu x'^\mu = -k'ct' + (k'_x x' + k'_y y') = k'\{-ct' + (x'\cos\theta' + y'\sin\theta')\}$$

で与えられる。ここに θ' は (x', y') 平面で、$+x'$ 方向から測った $\vec{k}'$ の向きである。光源からは全方向に球面状に光の波面が広がり、その各点で $\vec{k}'$ が波面に直交するが、以下では観測者 A に到達する一連の波面を考えるわけだから、$\vec{k}'$ は基本的に光源から A に向かう空間ベクトルになる。

この光を今度は Σ 系で観測するため、座標を式 (6.50) により $x^\mu = \tilde{L}_\nu{}^\mu x'^\nu$ とローレンツ「逆」変換すれば、波数ベクトルは式 (6.60) により $k_\mu = L^\nu{}_\mu k'_\nu$ と変換される。よって Σ 系での四元波数ベクトルは式 (6.51) により

$$\begin{pmatrix} -k \\ k_x \\ k_y \end{pmatrix} = \begin{pmatrix} \gamma & -\beta\gamma & 0 \\ -\beta\gamma & \gamma & 0 \\ 0 & 0 & 1 \end{pmatrix} \begin{pmatrix} -k' \\ k'\cos\theta' \\ k'\sin\theta' \end{pmatrix} = \begin{pmatrix} -\gamma k'(1 + \beta\cos\theta') \\ \gamma k'(\cos\theta' + \beta) \\ k'\sin\theta' \end{pmatrix} \tag{6.128}$$

と表される（z 成分は 0）。いま Σ と Σ' での周波数は、$f = \omega/2\pi = ck/2\pi$ と $f' = \omega'/2\pi = ck'/2\pi$ だから、上式の第 0 成分からドップラー因子が

$$\frac{f}{f'} = \frac{k}{k'} = \gamma(1 + \beta\cos\theta') = \frac{1 + \beta\cos\theta'}{\sqrt{1 - \beta^2}} \tag{6.129}$$

と求まる。音波との比較のさい f_0 と書いたのは、光源の静止系での周波数であり、それを今回は f' としたので、$\theta' = 0$ では確かに式 (6.127) が再現する。

さて、ものの本や Web 上で、電磁波のドップラー効果の表式は、式 (6.129) と違う形をしていることがある[127]。しかしどちらか一方が誤りなわけではなく、ここにも相対論のトリックが潜む。すなわち Σ 系で見た場合、光源から到達する電磁波の角度 θ は θ' とは一致せず、「光行差 (light aberration)」[128]のため少しずれる。具体的には式 (6.128) で $k_x = k\cos\theta$ と $k_y = k\sin\theta$ の比から

$$\tan\theta = k_y/k_x = \sin\theta'/[\gamma(\cos\theta' + \beta)]$$

であり、$1/\cos^2\theta = 1 + \tan^2\theta$ および β と γ の関係を用い整理すると、

$$\cos\theta = \frac{\cos\theta' + \beta}{1 + \beta\cos\theta'} \quad \Leftrightarrow \quad \cos\theta' = \frac{\cos\theta - \beta}{1 - \beta\cos\theta} \tag{6.130}$$

---

[126] 電磁ポテンシャルは四元ベクトルだが、ここではその 1 成分を考える。

[127] たとえば $f = f'\sqrt{1 - \beta^2}/(1 - \beta\cos\theta)$ とするものが多い。

[128] 乗り物に当たる雨が、真上ではなく、やや前方から降ってくるように見える現象と同じ。

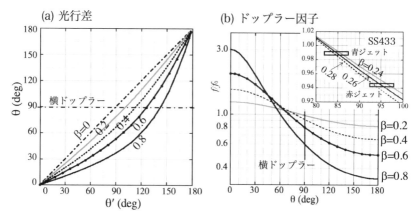

図 **6.24** (a) 光行差を表す式 (6.130) で β を変え、θ を θ' の関数として示したもの。(b) ドップ
ラー因子を、観測者の見る θ の関数として示したもの。右上の挿入図は $\theta \sim 90°$ の拡大図
で、特異な天体 SS 433 の診断に使われる（本文参照）。

という対称性のよい関係を得る[＊]。この θ と θ' の関係を表すと図 6.24(a) になり、
一般に $\theta \leq \theta'$ である。この結果を用いて式 (6.129) を書き直すと

$$\frac{f}{f'} = \frac{(1 + \beta \cos \theta')}{\sqrt{1 - \beta^2}} = \frac{\sqrt{1 - \beta^2}}{1 - \beta \cos \theta}$$

となり[＊]、ここでも座標系の入れ替えでドップラー因子が逆数になるという、相対
論ならではの結果を得る。教科書などではこの右辺の最終形が用いられることが
多い。図 6.24(b) のように、ドップラー因子は $\theta \sim 0$ で極大、$\theta = \pi$ で極小をとり、
それらは縦ドップラー効果を表す。

上式でとくに $\theta = \pi/2$、すなわち $k_x = k \cos \theta = 0$ の場合には、光源は観測者か
ら見た視線方向と直角に運動するわけで、その状態でも周波数は低下し、

$$\frac{f}{f'} = \sqrt{1 - \beta^2} \tag{6.131}$$

となる。これは相対論に固有な現象で、「横ドップラー効果 (transverse Doppler ef-
fect)」と呼ばれ、図 6.24(b) にも示した。このとき $\theta' > \pi/2$ であり、光源から真横
ではなく、やや後方に放射された電磁波（$\sum$ での周波数は f_0 より少し低い）が、
光行差により観測者には $\theta = \pi/2$ として到着する。いささか複雑な計算をしてしま
ったが、式 (6.131) の結果でわかるように、何のことはない、**横ドップラー効果は
運動する時計の遅れそのものである**。縦ドップラーが β の 1 次の効果なのに対し、

横ドップラーは β の 2 次の効果なので、低速ではより発現しにくい。

特異な天体 SS 433 のジェットの診断

「わし座」にある SS 433$^\heartsuit$ と呼ばれる特異な連星系は、図 6.24(b) のすばらしい応用例となる。この天体の主星は通常の恒星で、伴星（中性子星かブラックホールか未決着）は電波や X 線を放射する。物質が主星から伴星へと降着し、降着円盤を作るさい、細長い一対のジェット（プラズマと磁場の噴流）が作られ、それらが円盤に垂直な反対方向に吹き出し、そこから電波や X 線が放射される。我々はペアのジェットをほぼ真横 ($\theta \sim 90°$) から見ているが、一方は $\theta > 90°$ で我々から遠ざかる「赤ジェット」、他方は $\theta < 90°$ で我々に近づく「青ジェット」である。

1993 年に打ち上げられた「あすか」衛星の CCD カメラで、SS 433 からの X 線を観測したところ、静止系で $h\nu = 6.70\,\text{keV}$ にあるヘリウム様の鉄の K_α 線（第 2 巻 §5.3.6 参照）が、$6.29 \pm 0.01\,\text{keV}$ と $6.63 \pm 0.01\,\text{keV}$ の 2 本に分裂していた[129]。前者は赤、後者は青のジェットからの放射であり、ドップラー因子は 0.94 と 0.99 である。これがともに 1 より小さいので、横ドップラー効果が効いていることがわかる。図 6.24(b) の挿入図は $\theta \sim 90°$ の拡大図で、SS 433 の 2 つのドップラー因子が横長の箱で示される。それらと $\beta = 0.26$ の計算値（黒線）の交点からは、青ジェットが $\theta_b = 85°$、赤ジェットが $\theta_r = 95°$ をもつと読み取られ、90° に対し対称である。他方、たとえば $\beta = 0.24$ （灰色線）を仮定すると $\theta_b = 86°$ および $\theta_r = 97°$ となり、一対のジェットが正反対に出るという描像から外れてしまう。よって SS 433 のジェットは光速の 26% の速度をもち、天球面から $\approx 5°$ 傾いている[130]ことが明らかになった。赤と青の両方のジェットからの放射が検出できたおかげで、β と θ という 2 つのパラメータが決定できたのである。

6.5.3 宇宙膨張とビッグバン宇宙論

宇宙の膨張に伴う赤方偏移

SS 433 では、高速ジェットのドップラー効果でスペクトル線にずれが生じたが、天文学でより頻繁に観測されるのが、宇宙の膨張に伴う同様な効果である。いま波長 λ で放射された単色光が、何らかの理由により異なる波長 $\lambda' \equiv \lambda + \Delta\lambda$ で検出されたとき、

---

[129] T. Kotani *et al. Publ. Astron. Soc. Japan*, Vol.46, L.147 (1994).

[130] 厳密には、この傾きは 162 日の周期で変化（歳差運動）することが知られている。

$$z \equiv \frac{\Delta\lambda}{\lambda} = \frac{\lambda' - \lambda}{\lambda} = \frac{\lambda'}{\lambda} - 1 \tag{6.132}$$

なる量を「赤方偏移 (redshift)」と呼ぶ。これは天体を分光観測し、輝線や吸収線の波長を測定すれば精度よく決まる量であり、波長が伸びて「赤くなる」場合 $z > 0$ である。それが縦ドップラー効果に起因する場合は、波長 λ と周波数 f が逆比例することと、式 (6.127) のテイラー展開から、β の 1 次近似で

$$z = \frac{f_0}{f} - 1 = \sqrt{\frac{1-\beta}{1+\beta}} - 1 \approx (1-\beta) - 1 = -\beta = -\frac{v}{c} \tag{6.133}$$

が成り立つ。ドップラー効果では源と観測者が近づくとき $v > 0$ と定義したが、ここでは互いに遠ざかるとき速度が正であると定義し直し、v をしばしば「後退速度 (recession velocity)」と呼ぶ。縦ドップラー効果に起因する赤方偏移は、1 次近似では、符号も含め、後退速度と光速度の比に一致する。

1929 年にハッブル[131]は多数の天体の分光観測にもとづき、「暗くて見かけの半径が小さく、したがって距離 r が大きいと思われる銀河ほど、大きな赤方偏移を示す」ことを発見し、式 (6.133) と組み合わせて、「ハッブルの法則 (Hubble's law)」という経験則を提唱した。すなわち 2 天体の距離 r が大きいほど、それらは大きな後退速度 v で互いに離れつつあり、v と r の間には比例関係

$$v = H_0 r \quad : \quad H_0 \approx 70 \text{ km s}^{-1} \text{ Mpc}^{-1} = 2.3 \times 10^{-18} \text{ s}^{-1} \tag{6.134}$$

が成り立つという主張で、時間の逆数の次元をもつ比例定数 H_0 は、ハッブル定数 (Hubble constant) と呼ばれる。Mpc（メガパーセク）は銀河どうしの距離を測るのに適した単位系で、1 pc = 3.26 光年 = 3.09×10^{16} m である[132]。たとえば図 6.25 は、我々の住む銀河系（天の川銀河）から距離 0.7 Mpc にある「お隣さん」アンドロメダ大星雲（M31 銀河；$z \approx 0$ とみなせる）と、それに似た NGC 502 銀河の光スペクトルを比べている。3 本の吸収線（縦の点線）の波長が NGC 502 では $\Delta\lambda \approx 5$ nm ほど長いので、$z \approx 0.01$ であり、より正確には $z = 0.0083$ である。すると NGC 502 での後退速度は式 (6.133) より $v = cz = 2490 \text{ kms}^{-1}$、その距離は

---

[131]　Edwin Hubble (1989-1953) は米国の天文学者。銀河系外にそれと同等な多数の銀河の存在を初めて示した。現在ハッブルの法則は、この考えに独立に到達したベルギーの天文学者・神父の Georges Lemaître (1894-1966) と連名で、ハッブル・ルメートルの法則と呼ばれる。

[132]　太陽系から測って、最も近い恒星までは 1.3 pc、銀河系の中心までは 8 kpc、大小マゼラン雲（銀河系の伴銀河）までは 55 kpc である。

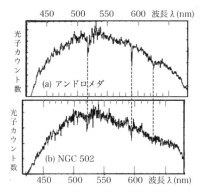

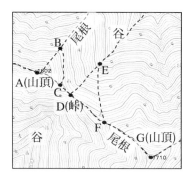

図 **6.25** アンドロメダ大星雲 (a) と NGC 502 銀河 (b) の光スペクトルの比較。横軸の波長は 2 天体の間で少しずらしてある。J. Tonry & M. Davis, *Astronomical Journal*, Vol.84, 1511 (1979) より。

図 **6.26** 地表面の曲率の例。実在の地形図 (等高線) に、ほぼ最短距離を結ぶ道を破線で記入した。A と G は山頂、D は峠である。三角形 ABC の内角の和は 180° より大きく、DEF では 180° より小さい。

式 (6.134) より $r = v/H_0 = 36$ Mpc となる。

　1930 年当時はアインシュタインでさえ、宇宙は定常不変と考えていたので、ハッブルの法則が意味する「たえず膨張する宇宙」は、自然科学の歴史の上で、天動説から地動説への転回に匹敵するほどのインパクトをもち、それが広く受容されるまでには多くの紆余曲折があった。宇宙が膨張するなら太陽系も比例して拡大し、数百年にわたる惑星運航の観測結果と矛盾するのではという指摘もあったようだが、現在では太陽系、水素原子、我々の体など、束縛された系は宇宙膨張の影響を受けないと考えられている。さらにこの法則と、宇宙マイクロ波背景放射の発見 ♡、軽元素の存在比の解釈などを根拠として、宇宙が極微・超高温の状態から始まったという「ビッグバン宇宙論 (big-bang cosmology)」♡*133 は広い信奉をえた*134。この理解によれば、「宇宙はたえず進化しており、遠方を見るとその昔の姿が見える」という驚くべき性質が成り立つわけで、以下ではそうした現代宇宙論

---

*133　ある市民むけ講演会で「ビッグバンは空のどの星座のあたりで起き、今そこにどんな痕跡があるのか」という質問を受け、あっと思った。言うまでもなく「空の一角」で起きたのではなく、大爆発して生まれた時間・空間そのものの中で我々が暮らしているのである。

*134　天文学者・SF 作家として名高いフレッド・ホイル (Fred Hoyle; 英国、1915-2001) など、近年までビッグバン宇宙論に強く反論する科学者も少数ながらいた。H. C. Arp, G. Burbidge, F. Hoyle, N. C. Wickramasing, & J. V. Narlikar, *Nature*, Vol.346, No.6287, 807 (1990) 参照。

の一端を紹介する[135]。

空間の曲率

天球面上で天体の 2 次元位置は、赤道座標系 (equatorial coordinate system) を用い、赤経 α と赤緯 χ で表すことが多い[136]。これは地球の赤道の真上に「天の赤道」、南北極の上空に「天の南北極」を想定し、地球の経度・緯度を投影したものと思えばよく、χ は天の赤道上で 0、北極で 90° である。赤経と赤緯方向に dα と dχ だけ離れた 2 天体の角距離は、高緯度ほど経線の間隔が狭まるので

$$d\theta^2 = d\chi^2 + \sin^2\chi \, d\alpha^2 \tag{6.135}$$

で与えられる。他方 2 次元ユークリッド空間に極座標系 (r, φ) を定義すれば、

$$ds^2 = dr^2 + r^2 d\varphi^2$$

が微小距離になる。ユークリッド平面と違い天球面は丸いため、dα^2 の重みが χ^2 ではなく $\sin^2\chi$ になることが重要である。

より一般に、「距離」ないし「計量 (metric)」が定義された任意次元の空間において、異なる 3 点を選び、それらを最短距離となる線（測地線）で結んで三角形を作る。その 3 つの内角の和がつねに 180° なら、この空間の「曲率 (curvature)」は 0、> 180° ならば曲率は正、< 180° ならば負であるとする。2 次球面では、地球儀を思い描けば内角の和が > 180° であることが直観できるので♣、曲率は正である。一般に曲率は場所に依存し、山の地表面を考えるなら図 6.26 に示すように、山頂や窪地では曲率が正、峠では曲率が負になる。

以下では「一様かつ等方的」な空間を考えるので、曲率は場所によらない。一様・等方的とは、空間のどこを座標原点に選び、どの方角を角度の基準にしても、2 点間の微小距離が同じ形に書けることをいう[137]。天球面はその好例で、赤道に代わる大円として、太陽の運行する黄道面を基準にした黄道座標系 (ecliptic coordinate system) や、銀河面を基準にした銀河座標系 (Galactic coordinate system) も用いられ、角距離はいずれも式 (6.135) と同じ形になる。

3 次元空間ならば球座標系 (r, θ, φ) を定義し、そこでの微小距離を

---

[135] この項全般の参考書として、p.97 脚注 114 の教科書が良い。

[136] 赤緯は通常 δ と書くが、微小量の意味と混同しやすいので、ここでは χ とした。

[137] たとえば球対称性をもたない 3 次元物体の表面は、2 次元面として一様等方ではない。

$$ds^2 = dr^2 + F(r)^2 \left(d\theta^2 + \sin^2\theta d\varphi^2\right)$$

と書くとき、一様で等方的なら適当な変数変換を通じ、

$$F(r) = r \text{(曲率 0)} ; \quad F(r) = \sin r \text{(正曲率)} ; \quad F(r) = \sinh r \text{(負曲率)} \qquad (6.136)$$

のいずれかに帰着できる♡。式 (6.135) は正曲率の場合の 2 次元バージョンで、簡単に思い描けるが、3 次元になると思い描くのは難しい。

ロバートソン・ウォーカーの計量

天球面は一様かつ等方的だから、先述のように異なる座標系が定義でき、互いに対等だった。同様に宇宙論の大前提は、「大きなスケールで見れば宇宙は一様かつ等方的で、空間の各点は同等で端や中心はなく、特定の向きも存在しない」という「宇宙原理 (cosmological principle)」である[*138]。これを満たす 4 次元時空の計量は「ロバートソン・ウォーカーの計量（以下 RW 計量）」[*139]と呼ばれ、t を時間、F を式 (6.136) の三者のいずれかとして、

$$ds^2 = -(c\,dt)^2 + a(t)^2 \left[(d\xi)^2 + F(\xi)^2 \left(d\theta^2 + \sin^2\theta d\varphi^2\right)\right] \qquad (6.137)$$

と書かれる。ここでは $\vec{r}$ に代わる座標変数として「共動座標 (co-moving frame)」と呼ばれる 3 次元ベクトル $\vec{\xi}$ を導入し、$\xi \equiv |\vec{\xi}|$ と置いた。また $a(t)$ は「宇宙のスケール因子 (scale factor)」と呼ばれる無次元量で、宇宙の相似的な膨張や収縮が許されることを意味する[*140]。宇宙が相似的に膨張（ないし収縮）するさい、個々の天体は $\vec{\xi}$ が一定の位置にあり、近接した 2 天体の間の距離は、

$$\Delta\vec{r} = a(t)\Delta\vec{\xi}$$

で与えられる。すると膨張・収縮に伴い 2 点間に発生する相対速度は、

$$\vec{v} = \frac{d\Delta\vec{r}}{dt} = \dot{a}(t)\,\Delta\vec{\xi} \quad (\text{ただし } \dot{a} \equiv da/dt)$$

と書ける。つまり ξ 座標での 2 天体の相対位置 $\Delta\xi$ は不変で、両者の相対運動は $a(t)$ のみに起因すると考える。この $\vec{v}$ をハッブルの法則と組み合わせると、

[*138] 現在の宇宙年齢（138 億年）は高精度で決められるので、時間と空間は対等ではない。

[*139] Howard P. Robertson (1903-1961) はアメリカの数学者・物理学者。Arthur G. Walker (1909-2001) はイギリスの物理学者。

[*140] RW 計量はじっさい、式 (6.141) のアインシュタイン方程式を満たす。

$$\dot{a}_0 \Delta \vec{\xi} = \vec{v}(t_0) = H_0 \cdot (a_0 \Delta \vec{\xi}) \quad \Rightarrow \quad \dot{a}_0 = H_0 a_0$$

を得る。ここに宇宙が誕生してから現在までの時間経過を t_0 とし、$a_0 \equiv a(t_0)$ および $\dot{a}_0 \equiv \dot{a}(t_0)$ と置いた。a_0 は現在の宇宙のスケール因子だが、その具体的な値は意味をもたず、相対値 $a(t)/a_0$ のみが意味をもつ。

仮に宇宙膨張の速度が一定 $(\dot{a} \equiv \dot{a}_0)$ だったら $a_0 = \dot{a}_0 t$ だから、上式から

$$t = a_0/\dot{a}_0 = H_0^{-1} = 4.4 \times 10^{17} \ \mathrm{yr} = 140 \ \text{億年} \tag{6.138}$$

が得られ♣、これが宇宙の年齢の最も粗い推定値となる。実は半ば偶然ながら、この値は宇宙年齢の最新の推定値である 138 億年♡に極めて近い。

観測的宇宙論

RW 計量で $\mathrm{d}\theta = \mathrm{d}\varphi = 0$ とし、さらに世界距離を $\mathrm{d}s = 0$ とすれば、光線の伝播経路が求まり、それは

$$\frac{\mathrm{d}\xi}{\mathrm{d}t} = \pm \frac{c}{a(t)} \quad \Leftrightarrow \quad \Delta\xi = \pm \frac{c\Delta t}{a(t)} \tag{6.139}$$

と表される。これを用いると、すぐ後に示すように、**遠方の天体の赤方偏移 z を測定すれば、光がその天体を出た時刻 t における宇宙のスケール因子 $a(t)$ が**

$$\frac{a(t)}{a_0} = \frac{1}{1 + z(t)} \quad \Rightarrow \quad \frac{a(t)}{a_0} = \frac{\lambda}{\lambda_0} \tag{6.140}$$

として求められる。2 番目の式は、最初の式に z の定義式を代入すればただちに得られる♣。添字 0 は現在を表すので、λ_0 は式 (6.132) での λ' に当たることに注意しよう。以下、この 2 番目の表式を 4 つの異なる方法で証明する。そのため、宇宙原理により宇宙を多数の立方体に区切り、境界面に完全反射の鏡を置き、光はそれらの間を往復し、鏡の間隔が宇宙の膨張収縮に伴って一様に相似拡大・縮小すると考える（第 1 巻、p.329）。光は鏡に垂直に入射すると仮定する。

(1) ドップラー効果の積算としての説明：最も直観的なのは、ドップラー効果を考えることである。隣接する鏡の間隔を $\Delta r = a(t)\Delta\xi$ とすれば、隣の鏡の後退速度は $v = \dot{a}\Delta\xi = \dot{a}(c\Delta t/a) = c(\Delta a/a)$ である。ただし式 (6.139) の 2 番目の表式により $\Delta\xi$ を消し、光が Δr だけ走る間の宇宙膨張を $\Delta a = \dot{a}\Delta t$ とした。他方、後退する鏡による反射では縦ドップラー効果が起き、その 1 次近似により光の周波数は f から $(1 - v/c)f$ に、波長は λ から $(1 + v/c)\lambda$ に変わるので♣、$\Delta\lambda = (v/c)\lambda$ である。以上から $\Delta\lambda/\lambda = v/c = \Delta a/a$ が成り立ち、それを t から t_0 まで積分すれば $a/a_0 = \lambda/\lambda_0$

となって、式 (6.140) の 2 番目の表式を得る。つまり遠方から延々と旅してきた光子は、各時点で座標系の拡大によるドップラー効果を受け、その過去から現在までの積算が、宇宙論的な赤方偏移として現れる。

(2) 電磁気学による説明：電磁気学によれば完全反射体の表面では、電磁波の電場は 0 で、「節」になっている必要がある。この条件を保ちつつ鏡の間隔をゆっくり変えると、$\lambda \propto a(t)$ が期待される。これは最も単純明快な説明である。

(3) 光子の運動量変化としての説明：(1) と似るが観点が少し異なる。一方の鏡が静止して他方が後退すると考えると、後退する鏡で反射されるとき、光子は運動量を相対的に $\Delta(hf)/(hf) = -2v/c$ だけ失う♣。よって $\Delta\lambda/\lambda = -\Delta f/f = 2v/c$ だが、これは光子が隣り合う鏡の間を一往復する間の変化なので、(1) と同様に片道での変化に直せば、$\Delta\lambda/\lambda = v/c$ である。その間の宇宙膨張は (1) から $\Delta a/a = v/c$ なので、結局 $\Delta\lambda/\lambda = v/c = \Delta a/a$ となり、(1) と同じ結論を得る。

(4) 熱力学による説明：上記 (3) の立場を突き詰めると、光子気体の断熱膨張という熱力学の問題に到達する。これは「合わせ鏡」の考え方とともに、第 1 巻 §3.3.10 で扱われ、その温度が系の 1 次元サイズに逆比例することが示された。光子の波長は温度に逆比例するから、$\lambda \propto a(t)$ が結論される。これは相対論を考えても正しい。ただしこの議論は熱平衡にある気体に限るので、限定的である。

　複数の方法で式 (6.140) を証明したのは、得られる学習効果に加え、その重要性を強調したいためである。遠方天体の z を測定すればこの式から、観測している光がその天体を発したとき、**宇宙が現在よりどれだけ小さかったかという比率 $a(t)/a_0$ が $a(t)$ の関数形によらず一意に決まり**、観測結果が相対論的な宇宙像に結びつけられる。それに対し「その天体の距離は何億光年か」という設問は、$a(t)$ の刻々の変化を考えると、定義がはっきしない。「見ている天体は宇宙が何歳のときの姿か」とすれば意味をもつが、それを知るには $a(t)$ の関数形が必要で、不定性を伴う。同様に、縦ドップラー効果の式 (6.127) は速度一定の場合にのみ成り立つので、それを z と組み合わせるさいは上述のように、各時刻で微分関係を求め、それを積分する必要があった。その過程を無視して z を単一の後退速度に焼き直し、「この天体は光速度の 98% で遠ざかっている」などと表現しても、この速度は厳密な意味をもたず、しかも $a(t)$ の関数形に依存してしまう。ただし遠方の（したがってより若い）天体ほど大きな速度で遠ざかるという描像は大まかには正しく、結果として遠方になるほど宇宙は奥行き方向により強くローレンツ収縮して縮退するので、宇宙が無限に広がるのか果てがあるのかなどが、区別しづらくなる。

　観測技術の目覚ましい発展と呼応し、宇宙の誕生と初期進化の解明を目指す「観測的宇宙論」が急速に進展しており、$z \gtrsim 5$ の遠方まで銀河が数多く検出されている。宇宙で最も強い輝線は、水素原子の主量子数 $n = 1$ と $n = 2$ の間の遷移で生じるライマン α 線で[*141]、それは静止系では波長 121.6 nm の紫外線域にあり、銀河系の星間ガスで強く吸収されるため♡、近傍の天体からの放射では観測が難しい。ところが $z = 4$ の天体からのライマン α 線は、静止系に比べ波長が 5 倍に延び 608 nm（オレンジ色）になるので、吸収されずに地上に到達する。そのような天体を調べると、サイズが現在の $(1 + z)^{-1} = 1/5$ だった太古の宇宙がわかる。このように「遠方を見ると昔の姿が見える」のは、宇宙に特有なすばらしさである。

　現在から過去に遡ると、宇宙は z に応じて大まかに以下のようになる。

- $z \lesssim 0.2$: 我々の近場として、線形近似が有効。$z = 0.1$ なら式 (6.134) より、$v = 0.1c = 3 \times 10^4 \ \mathrm{km\,s^{-1}}$、距離は $r = v/H_0 = 430 \ \mathrm{Mpc}$ となる。

- $z \sim 1$: そこそこの「昔」であり、近傍宇宙との差が見え始める。

- $z = 2 \sim 6$: 宇宙の再電離♡ が完了し、天体の急速な形成・進化が見られる。

- $z \sim 10$: 現時点で初源天体が確認できている最遠の領域[*142]。

- $z \sim 20$: 宇宙の再電離♡ が進み、天体（星や銀河）の形成が始まる。

- $z \sim 1000$: 放射が物質から切り離され、宇宙マイクロ波背景放射が形成される（第 1 巻、p.328）。これより昔は、電磁波では原理的に観測できない。

アインシュタイン方程式とフリードマン方程式

　ここまで RW 計量にもとづき「見てきたような」話を展開してきたが、それが物理的に許されるか、許されたとして、どこか別の宇宙ではなく、我々の住む「この宇宙」を記述できるのか、できるとしたら $a(t)$ はどんな関数形になるのか、知りたい。これに答えてくれるのが一般相対論の基本方程式となる「アインシュタイン方程式 (Einstein's equation)」で、それは 2 階のテンソル方程式として

[*141]　米国の物理学者・分光学者である、Theodore Lyman (1874–1954) にちなみ、水素様原子の電子が、主量子数 $n \geq 2$ から $n = 1$（基底状態）に落ちるときの放射を、ライマン系列と呼ぶ。

[*142]　ハッブル宇宙望遠鏡の後継機として 2021 年 12 月、第 2 ラグランジュ点に打ち上げられた「ジェイムズ・ウェッブ宇宙望遠鏡 (JWST)」により、この値はさらに大きくなると予想される。

[時空計量の 2 階微分で曲率を表すアインシュタイン・テンソル]

$$= \left(\frac{8\pi G}{c^4}\right) \times [\text{エネルギー・運動量テンソル}] \tag{6.141}$$

と書かれ[*143]、G は重力定数である。重力場を表すポテンシャルを導入せず、時空自身のゆがみ＝重力だとする革命的な考えで、右辺で質量密度分布 ρ などを与え、左辺を求めると重力場がわかる。これはニュートンの重力の法則が、質量密度分布 $\rho(\vec{r})$ と重力ポテンシャル $\phi(\vec{r})$ により

$$\nabla^2 \phi(\vec{r}) = 4\pi G \rho(\vec{r}) \tag{6.142}$$

と書かれる（第 1 巻の式 3.111）ことに対応する。

アインシュタイン方程式の右辺で、宇宙原理により空間的に一様なエネルギー密度 $u(t)$ を仮定し、左辺に RW 計量を代入すれば、a と u の関係が規定される。その $(0, 0)$ 成分は「フリードマン方程式 (Friedmann's equation)」と呼ばれ[*144]、

$$\frac{\dot{a}(t)^2}{a(t)^2} + \frac{kc^2}{a(t)^2} = \frac{8\pi G}{3c^2} u(t) \tag{6.143}$$

と書かれる[*145]。無次元量 k は曲率を表し、$k = 0$ なら曲率 0（平坦）、$k > 0$ なら正曲率、$k < 0$ なら負曲率である[*146]。また式 (6.143) に付随するエネルギー・運動量の保存則として、圧力 p が状態方程式として u の関数で表されるなら、以下が成り立つ♡：

$$\frac{\mathrm{d}}{\mathrm{d}t}(ua^3) + p\frac{\mathrm{d}}{\mathrm{d}t}a^3 = 0 \tag{6.144}$$

本書では一般相対論をスキップしたので、以上の結果は天下りに見えるが、実はそうでもない。じっさい、式 (6.144) は熱力学でいう $dU + pdV = 0$ に相当するし、式 (6.143) さえ相対論を用いずに導出できる。すなわち速度 $\dot{a}(t)$ で膨張する半径 $a(t)$ の球の内部に、物質が密度 ρ_0 で一様に分布し、その表面に質量 m の粒子が置かれたとき、質点の力学的エネルギー E の保存の式はニュートン力学で

$$\frac{1}{2}m\dot{a}(t)^2 - G\frac{(4\pi/3)m\rho(t)a(t)^3}{a(t)} = E$$

[*143] 詳細は p.2、脚注 4 の教科書を参照。

[*144] Alexander Alexandrovich Friedmann (1888-1925) はロシアの宇宙物理学者・数学者で、ハッブルの法則に先立つ 1922 年、この方程式を導いた。

[*145] 右辺に宇宙項を付けてもよいが、本書では後からそれを導入する手順を踏む。

[*146] k は任意の実数だが、a を再定義することで、つねに 0 または ±1 に帰着できる。

表 **6.3** 宇宙の始まりと現在における諸変数の値

変数	t	τ	a	x	$\mathrm{d}a/\mathrm{d}t$	$\mathrm{d}x/\mathrm{d}\tau$
宇宙の始まり	0	0	0	0	?	?
現在	t_0	$H_0 t_0 = O(1)$	a_0	1	$H_0 a_0$	1

と書ける。$E = -kmc^2/2$ と置くと $(\dot{a}/a)^2 + (kc^2/a^2) = 8\pi G\rho/3$ となり♣、相対論では質量とエネルギーは等価だから ρ を u/c^2 と置けば、式 (6.143) が再現する。さらにこのニュートン力学とのアナロジーを用いると、

球は膨張後に収縮に転じる $\Leftrightarrow$ $E < 0$ $\Leftrightarrow$ $k > 0$ で空間は正曲率

球は膨張し速度が 0 に漸近 $\Leftrightarrow$ $E = 0$ $\Leftrightarrow$ $k = 0$ で空間は平坦

球は無限に膨張を続ける $\Leftrightarrow$ $E > 0$ $\Leftrightarrow$ $k < 0$ で空間は負曲率

のように、空間の曲率を時間的挙動と結びつけることができる。

ここでスケール因子を規格化し、時間を無次元化するため、

$$x(t) \equiv a(t)/a_0 \ ; \ \tau \equiv H_0 t$$

と置こう（τ は固有時間ではない）。これらの変数は表 6.3 の境界条件に従う。フリードマン方程式の両辺に x^2 を掛け、$kc^2/(H_0 a_0)^2$ を改めて k と書けば

$$\left(\frac{\mathrm{d}x}{\mathrm{d}\tau}\right)^2 = \left(\frac{8\pi G}{3H_0^2}\right)\left(\frac{u}{c^2}\right)x^2 - k = \left(\frac{u}{\rho_\mathrm{c} c^2}\right)x^2 - k \tag{6.145}$$

が得られる♣。ここに宇宙の「臨界質量密度 (critical mass dentity)」を

$$\rho_\mathrm{c} \equiv \left(\frac{3H_0^2}{8\pi G}\right) = 0.95 \times 10^{-26} \ \mathrm{kg \ m^{-3}} \tag{6.146}$$

で定義した。この ρ_c は $1 \ \mathrm{m}^3$ あたり水素原子およそ 6 個に相当し、銀河系の星間ガスの平均的な質量密度より 6 桁も低い。

次に宇宙のエネルギー密度を、3 成分の和として

$$u(x) = \rho_\mathrm{m0} c^2 x^{-3} + u_\mathrm{r0} x^{-4} + u_\mathrm{D}$$

と書こう。添字 0 はすべて現在 ($x = 1$) での値を表す。右辺の第 1 項は星や星間ガスなど「冷たい物質」の静止質量エネルギーで、ρ_m0 はそれらの現在の宇宙での質量密度である。これは式 (6.144) で $p = 0$ とした解なので x^{-3} に比例する（質量保存）。第 2 項は光子やニュートリノなど相対論的粒子の寄与を表す。その状態方程

式は第 1 巻の式 (3.103) より $p = u/3$ なので、式 (6.144) から $\mathrm{d}(ua^4)/\mathrm{d}t = 0$ となり[147]、x^{-4} の依存性が生じる。最後の項は極めて奇妙な「暗黒エネルギー (dark energy)」項で、宇宙が膨張してもその密度は減らないと仮定する。この 3 成分からなる u を式 (6.145) の右辺に代入すると、

$$\left(\frac{\mathrm{d}x}{\mathrm{d}\tau}\right)^2 = \frac{\Omega_0}{x} + \frac{\Omega_0'}{x^2} + \Lambda_0 x^2 - k \tag{6.147}$$

という簡潔な方程式になる。ここで 3 つの無次元パラメータ

$$\Omega_0 \equiv \frac{\rho_{m0}}{\rho_c} \;\; ; \;\; \Omega_0' \equiv \frac{u_{r0}}{\rho_c c^2} \;\; ; \;\; \Lambda_0 = \frac{u_D}{\rho_c c^2} \tag{6.148}$$

を導入した。式 (6.147) で $x = 1$（現在）とすると左辺は 1（表 6.3）なので、

$$\Omega_0 + \Omega_0' + \Lambda_0 = 1 + k \tag{6.149}$$

という重要な束縛条件が得られる。式 (6.147) の左辺は運動エネルギー（の 2 倍）、右辺の最初の 3 項の和はポテンシャルエネルギーの符号を変えたもの、k は全エネルギーに対応し、この概念を図 6.27(a) に示す。

フリードマン方程式の解の例

　式 (6.149) の束縛下で式 (6.147) を解くと、図 6.27(a) から定性的に推測できるように、条件に応じ多様な解が得られる。それらを最新の観測結果と比較すれば、Ω_0、Λ、k、t_0 などのパラメータに制限が与えられ[148]、宇宙の進化が解明できる。これは何とすばらしいことだろう！　紙面が限られているので一般論は割愛し、以下で 2 つの場合のみを扱う。そのさい Ω_0'/x^2 の項は宇宙のごく初期 ($z > 3.5 \times 10^3$) のみで効き、あとは $\propto x^{-2}$ で小さくなるので、以下では無視して考える。

(1) 最も素朴な解：これは宇宙が平坦で ($k = 0$)、暗黒エネルギーはなく ($\Lambda_0 = 0$)、宇宙の物質密度は臨界質量密度に等しい ($\Omega_0 = 1$) とするもので、1980 年代ごろまで、素朴に信じられていた解である。すると式 (6.147) は $\mathrm{d}x/\mathrm{d}\tau = \pm x^{-1/2}$ となるから、膨張解として正符号を選ぶとすぐに

$$x(\tau) = \left(\frac{3\tau}{2}\right)^{2/3} = \left(\frac{3H_0 t}{2}\right)^{2/3} \tag{6.150}$$

---

[147]　光子など相対論的な気体の断熱膨張で $pV^{4/3}$ が一定になることと等価である。

[148]　これら 4 つの量のうち独立なものは 3 個である。

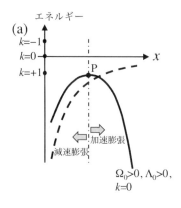
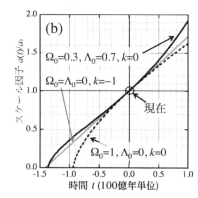

図 **6.27** フリードマン方程式の説明。(a) そのポテンシャルの概念図。曲率 k はエネルギーの初期値に対応する。破線は $\Lambda_0 = 0$ の場合。実線は $\Lambda_0 \neq 0$ の式 (6.147) に対応し、頂点 P は $x = (\Omega_0/2\Lambda_0)^{1/3}$ にある。(b) 解の例。横軸は 100 億年単位の時間で、現在を 0、過去を $t < 0$ に取り直してある。点線は式 (6.150)、黒実線は式 (6.153)、灰色直線は自由膨張を表す。

と解かれ*、図 6.27(b) に点線で示す挙動になる。重力による減速が効くため、膨張が次第に遅くなり、妥当に見える。

　ところがこの解には重大な欠点があった。式 (6.138) を代入し $x = 1$ とすると、宇宙の年齢が $t_0 = 2H_0/3 = 94$ 億年となってしまう。当時すでに、低質量の古い星の年齢は 100 億歳を超えていることが知られていたので*[149]、宇宙がそれより若いと明らかに不合理である。曲率が負なら式 (6.149) より Ω_0 が減り、減速が弱まるので宇宙年齢は延び、とくに $k = -1$ かつ $\Omega_0 = \Lambda_0 = 0$ の場合、$x = H_0 t$ という自由膨張になるので、宇宙年齢は $1/H_0 = 140$ 億年になる（図 6.27b の灰色直線）。しかし負の曲率は、他の観測事実と整合しないことがわかってきた。

(2) 現時点で正しいと思われる解：残る可能性は、$u_D \neq 0$、つまり式 (6.147) の Λ_0 が 0 でないと考えることである。じっさい近年の観測的宇宙論の目覚ましい進展*[150]による複数の結果を組み合わせると、図 6.28(a) に示すように

$$\Omega_0 = 0.31 \pm 0.04 \quad ; \quad \Lambda_0 = 0.69 \pm 0.04 \tag{6.151}$$

---

*149　球状星団に含まれる星を指し、年齢は星内部の原子核反応の計算から推定できる。

*150　とくに宇宙マイクロ波背景放射のゆらぎを観測する、米国を中心とした WMAP 衛星 (2001-2010) および欧州を中心とする Planck 衛星 (2009-2013) の活躍で、飛躍的に進展した。

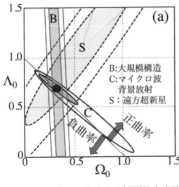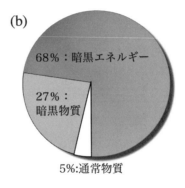

図 **6.28** (a) Ω_0 と Λ_0 を決める観測的宇宙論の結果の例。3 種類の方法が一致する領域を黒丸で示す（S. Perlmutter, *Physics Today*, Vol.57, 53 (2003) より）。概念的な説明であり、厳密ではなく、データも最新ではない。(b) 現在時刻における宇宙のエネルギー密度の配分を示す円グラフ。(a) の黒丸に対応する。

であることがわかってきた[*151]。この場合のフリードマン方程式は

$$\left(\frac{dx}{d\tau}\right)^2 = \frac{\Omega_0}{x} + \Lambda_0 x^2 \tag{6.152}$$

となり、$\Omega_0 > 0$ および $\Lambda_0 = 1 - \Omega_0 > 0$ である。この式を見ると、$x \ll 1$ では右辺第 2 項が無視でき、解は式 (6.150) の $x \propto \tau^{2/3}$ に近づき、$x \gg 1$ では右辺第 1 項が無視でき、解は $x \propto \exp\left(\sqrt{\Lambda_0}\tau\right)$ に近づくはずである。そこで両者を結ぶ関数として、定数 b を用いて $x = b \sinh^{2/3}(\frac{3}{2}\sqrt{\Lambda_0}\tau)$ と見当をつけると[*152]、これが大当たり大正解で、$b = (\Omega_0/\Lambda_0)^{1/3}$ ならば式 (6.152) が成り立ち、最終的な解は

$$x(\tau) = \left(\frac{\Omega_0}{\Lambda_0}\right)^{1/3} \sinh^{2/3}\left(\frac{3}{2}\Lambda_0^{1/2}\tau\right) \tag{6.153}$$

と得られる。これは図 6.27(b) に実線で示され、宇宙年齢は $t_0 = 138$ 億年となる。この解によれば、宇宙の膨張は現在ちょうど、重力による減速膨張から暗黒エネルギーによる加速膨張に切り替わった段階にあり、それは超新星を用いた観測で直接に確認されている[*153]。

[*151] 数値や誤差は、観測手法やそれらの組み合わせ方で、多少ことなる。

[*152] $x \ll 1$ と $x \gg 1$ での近似形を調べてみるとよい。

[*153] 宇宙論的な観測で、つねに距離の測定が大きな困難である。これは、ある種の超新星がほぼ同じ絶対光度をもつことを利用する方法である。

暗黒エネルギー

　以上のように暗黒エネルギーという、極めて不思議な物理量の存在は、ますます確からしくなってきた。そのエネルギー密度は一定なので、式 (6.144) の状態方程式で $p = -u_D$ を満たし♣、「負の圧力」とも呼ばれる[*154]。宇宙が膨張しても u_D は一定なので、宇宙全体の暗黒エネルギーは $a(t)^3$ に比例して増え、それは一種の「反重力」が宇宙に仕事を及ぼした結果とも解釈できる。また暗黒エネルギーは、元となる式 (6.143) の右辺に、「宇宙項 (cosmological term)」という定数項を付加することとほぼ等価である♣。これはアインシュタインが宇宙の定常解を求めるため人為的に導入した概念で[*155]、それは宇宙の研究において、長らく「出ては消え」を繰り返してきたが、21 世紀に入って収束してきたといえる。

　ただし暗黒エネルギーの正体が何で、それをどう解釈すべきかは、21 世紀の物理学にとって、最大の課題のひとつである。他にも、なぜ宇宙は平坦なのかなどの問題が残り、それらの解決には佐藤勝彦[*156]らの提唱する「インフレーション機構」が有力視されている。これは宇宙が量子力学的な揺らぎで発生し、1 次の相転移を通じて真空のもつエネルギーが解放された結果、時空は巨視的スケールへと指数関数的に拡大し、超高温の宇宙が発生したとするもので、この状態が「ビッグバン」である。この急激な拡大は式 (6.153) と似ることから、宇宙は現在、第 2 のインフレーション期に入った、という言い回しもなされる。

暗黒物質

　式 (6.151) は、現在の宇宙には臨界質量密度（式 6.146）の 3 割の物質が存在すると主張する。それらは暗黒エネルギーと違い、重力を発生・感応する存在だが、その主体は星や星間ガスではない。じっさい、1980 年代から銀河団の X 線観測で、X 線を出す高温 ($\sim 10^8$ K) のプラズマを重力的に閉じ込めるには、X 線放射プラズマや銀河内の星など、電磁波で見える物質では不十分で、その数倍におよぶ重力源が必要とされた（第 1 巻 §2.3.1）。この未知の物質は、暗い多数の恒星・惑星・ブラックホールなどの「天文学的暗黒物質」か、相互作用が極めて弱い未知の素粒子、つまり「素粒子的暗黒物質」だろうと考えられた。

[*154]　負の圧力だと引力になると思ってしまうが、通常の正の圧力は膨張とともに弱まるので、宇宙を減速させるのに対し、u_D は膨張しても弱くならないため宇宙を加速させると考えるとよい。

[*155]　アインシュタインが後にこれを「わが生涯最大の過ち」と語ったと伝わる。

[*156]　日本を代表する宇宙物理学者 (1945–)、東京大学名誉教授。多くの賞・褒章を受賞・受章している。京都大学に在職中だった 1981 年、宇宙誕生のシナリオとしてインフレーション機構を提唱したほか、中性子星の内部構造などにも多くの業績を挙げている。p.2、脚注 4 も参照。

いっぽう宇宙の「最初の 3 分間」には、膨張で冷えつつある宇宙の中で、陽子と中性子から ^{4}He が合成された$^♡$。原料となるバリオン（通常の原子核物質）が多ければ反応が速く進み、より多くの ^{4}He が生じる半面、重水素、^{3}He、^{7}Li などの微量な中間生成物は減る。諸天体でこれら軽元素の存在比を光学観測した結果、^{4}He は重量比で水素の約 1/4（個数比で 1/10：図 6.21）で、その値や、中間生成物の存在比の観測から、バリオンの寄与は宇宙の全エネルギー密度の $\approx 5\%$ に当たる $\Omega_0/6$ に過ぎないと推定された。この状況を図 6.28(b) に示す。素粒子的暗黒物質が正解らしい。

次の疑問は、暗黒物質の正体となる素粒子は何か、である。すぐ思いつくのはニュートリノだが、それらは質量が小さく、相対論的に運動する「熱い暗黒物質」であり、宇宙マイクロ波背景放射の空間的ゆらぎの観測結果と矛盾する。よって質量が大きく運動速度の遅い「冷たい暗黒物質」が必要である。その最有力候補が、ボソンとフェルミオンの対称性を仮定する理論から出てくる超対称性 (super symmetry) 粒子で、たとえば光子などのゲージボソンに対応する、ニュートラリーノ (neutralino) などの重い粒子である。しかし 2023 年現在、加速器実験でも地下実験でも、その徴候は得られておらず、探索が続いている。こうした分野は「素粒子論的宇宙論 (particle cosmology)」と呼ばれ、その方法論は、未知の素粒子の探索、原子核やクォークの性質の詳細な理解などを含む。素粒子・原子核の研究と宇宙論は、共存共栄の時代にある。

最後に宇宙論は「我々の住むこの宇宙」という 1 回限りの現象を扱うので、再現性を大前提とする現代科学からすると、異端である。正しい物理学の原理・論理・手法を用いることで、その研究は正当化されるとはいえ、宇宙論の検証手段は原理的に限られる^{*157}。研究の過程で、先行結果と合わせようとする無意識のバイアスが働かないとも限らない。「みんなで間違えれば怖くない」という状況^{*158}を防止すべく、あえて通説を疑ってみる試みも重要である。

6.5.4 ブラックホール（**BH**）：理論的な側面

一般相対論の関係する最も顕著な物理現象のひとつが、ブラックホール（以下 BH と略す）だろう。宇宙論のフリードマン方程式がニュートン力学で近似できたのとは異なり、BH は重力が強い極限で現れる現象なので、その理解には一般相

$*157$ 多くの同種天体で検証できるような研究に比べて限られる、という意味。
$*158$ こうした集団催眠ないし「裸の王様現象」は、子供が「王様は裸だ」と叫ぶまで続く。

対論に正面から取り組む必要がある。それは本書の範囲外なので、本項の記述は不完全にならざるを得ない。またBHに関連して現れる、ホワイトホール (white hole)、ワームホール（worm hole; 時空の虫食い穴）、回転するBHに付随するエルゴ領域 (ergo sphere)、BHからのホーキング放射 (Hawking radiation)[*159]などの純理論的な話題$^\diamond$は他書（p.2、脚注4の教科書など）に譲る。ちなみにBHの名称は1967年頃、ジョン・ホイーラー[*160]が広めたものといわれている。

球対称なBH：シュヴァルツシルト解

ニュートンの重力の法則（式6.142）で最も簡単な場合は、原点に質量Mがあり、それ以外で$\rho = 0$の「真空解」である。この条件でラプラス方程式$\nabla^2\phi - 0$を解けば、重力場が$\phi(r) = -GM/r$と求まる$^\diamond$。アインシュタイン方程式 (6.141) で、これに対応した球対称で静的な真空解を考えるため、空間部分に球座標 (r, θ, φ) を用い$x^0 = ct, x^1 = r, x^2 = \theta, x^3 = \varphi$とする。球対称なので計量テンソル$g_{\mu\nu}$の空間部分は式 (6.32) のようになり、定常的なので$\mathrm{d}t\mathrm{d}r$などの項も消える。よって計量テンソルは対角化され、世界距離（の2乗）$\mathrm{d}s^2 = g_{\mu\nu}\mathrm{d}x^\mu\mathrm{d}x^\nu$は

$$\mathrm{d}s^2 = g_{00}(r)(c\mathrm{d}t)^2 + g_{11}(r)\mathrm{d}r^2 + g_{22}(r)\mathrm{d}\theta^2 + g_{33}(r)\mathrm{d}\varphi^2$$

と書けるだろう。$g_{\mu\mu}$がrのみの関数となるのは、静的で球対称なためである。

この計量テンソルから一般相対論の手続きに従って求めた$^\diamond$アインシュタイン・テンソルを、式 (6.141) の左辺に代入し、右辺のエネルギー・運動量テンソルを0と置くと$g_{\mu\nu}$に対する微分方程式系が得られ、それらを解くと$g_{\mu\nu}$が決まり、

$$g_{00} = -\left(1 - \frac{R_\mathrm{s}}{r}\right) ; \quad g_{11} = \frac{1}{1 - R_\mathrm{s}/r} ; \quad g_{22} = r^2 ; \quad g_{33} = r^2\sin^2\theta$$

$$\mathrm{d}s^2 = -\left(1 - \frac{R_\mathrm{s}}{r}\right)(c\mathrm{d}t)^2 + \frac{\mathrm{d}r^2}{1 - R_\mathrm{s}/r} + r^2\left(\mathrm{d}\theta^2 + \sin^2\theta\mathrm{d}\varphi^2\right)$$

(6.154)

という解が得られる$^\diamond$。1916年に発見されたこの解は、発見者の名前をとってシ

[*159] Steven Hawking(1942-2018) は英国の理論物理学者で、相対論と量子力学を組み合わせた研究を大きく推進した。進行性筋萎縮症を患い車椅子のまま、相対論・著作・一般講演などの活動を続けた。2001年11月、佐藤勝彦の招きにより来日した同博士が、東京大学安田講堂で講演を行ったさい、開場の4時間も前から行列ができ始め、定員1100人の講堂に1500人まで詰め込んでも、けっきょく500名近くは入場できず、平身低頭でお引き取り願う結果となった。

[*160] John A. Wheeler (1911-2008) は米国の物理学者。量子重力理論の先駆者とされる。

ュヴァルツシルト解[161]と呼ばれる。解には唯一の積分定数として、

$$R_{\mathrm{s}} \equiv \frac{2GM}{c^2} = 2.95 \left(\frac{M}{M_\odot} \right) \ \mathrm{km} \tag{6.155}$$

という長さの次元をもつ定数が現れ、これはシュヴァルツシルト半径 (Schwarzschild radius) と呼ばれる[162]。半径 $r = R_{\mathrm{s}}$ の面は「事象の地平面 (event horizon)」であり、それと、中心にある $r = 0$ の特異点とをあわせた概念が、BH である。これらのうち $r = 0$ は、重力場の強さが無限大になる点である。事象の地平面も一見すると、式 (6.154) で dr^2 の係数が無限大になるので特異面に見えるが、それは適当な座標変換で消すことができる°。

　物理学では一般に物事に限界があり、「無限に小さい」「いくらでも強い」などの状況は発生しづらい。たとえばスケールを小さくしてゆくと量子力学が登場し、「不確定性原理が働くから、これより小さい範囲のことを考えても無駄だよ」と肩すかしを食らう。「いくら物体を加速しても光速度を超えられない」という特殊相対論の基本も、その好例である。同様に重力を強くしてゆくと、今度は一般相対論が出てきて、「重力が無限大に発散する特異点は、存在しても、事象の地平面で隠されているから、見ることは不可能だよ」と言われてしまう[163]。

　シュヴァルツシルト解の他にも、アインシュタイン方程式の厳密解のうち BH を表すものとしては、1963 年に導かれた回転する（角運動量をもつ）BH に対するカー[164]解や、1972 年に日本で発見された冨松・佐藤解[165]など、数例が知られている。冨松・佐藤解は、カー解に空間的な歪みを与えたもので、裸の（事象の地平面に囲まれない）特異点の存在を含んでいるが、実在の天体との関係は不明である。

---

[161]　Karl Schwarzschild (1873-1916) はドイツの理論物理学者。数学に秀でていたが、この解を発見した後、従軍中にかかった病気により死亡した。「シュワルツシルド」と 英語読みされる場合もある。

[162]　この R_{s} の半分にあたる $r_{\mathrm{g}} \equiv GM/c^2$ を重力半径 (gravitational radius) と呼んでそれを用いたり、場合によりシュヴァルツシルト半径を r_{g} と書いたりする場合があるので、注意のこと。

[163]　この考えを一般化し「アインシュタイン方程式の解に現れる特異点はつねに事象の地平面で囲まれ、外から見ることができない」とする考えが、宇宙検閲官 (cosmic censorship) 仮説で、検閲官は「裸が見えたらダメ」と言うのである。この仮説は 1969 年にイギリスの数理物理学者ペンローズ (Roger Ponrose：1931-) が提唱したものだが、現在では反例も知られている。

[164]　Roy Patrick Kerr (1934-) はニュージーランド出身の数学者・物理学者。1965 年には、カー解を拡張したカー・ニューマン解も導いた。

[165]　冨松彰（とみまつ あきら；1947-）は名古屋大学名誉教授、佐藤文隆（さとう ふみたか、1938-）は京都大学名誉教授。発見当時、冨松は京都大学の大学院生だった。

話をシュヴァルツシルト解に戻そう。ニュートン力学では、テスト質点が十分に重い質点 M の周りを半径 r で周回するケプラー運動の速度は

$$v_K(r) = \sqrt{GM/r} \tag{6.156}$$

だから♣、$r = R_s$ では式 (6.155) より $v_K(R_s) = c/\sqrt{2}$ となる。あるいは半径方向の運動を考えると、質点 M の作るポテンシャルの深さ r から質量 m の小質点が脱出するさい必要な速度は $v_{esc}(r) = \sqrt{2GM/r}$ なので♣、$r = R_s$ から脱出するには $v_{esc}(R_s) = c$ が必要となる。このように R_s は非相対論的な運動速度が $c/\sqrt{2}$ ないし c に達する半径として理解できる。

シュヴァルツシルト時空の性質

式 (6.154) の計量から、3 つ重要な性質が導かれる。まず BH の近く ($r > R_s$) で静止した時計の刻む固有時間を τ、遠方での観測者の時間を t とすると

$$ds^2 = -(cd\tau)^2 = -(1 - R_s/r)(cdt)^2 \quad \Rightarrow \quad d\tau = \sqrt{1 - R_s/r}\, dt \tag{6.157}$$

が成り立つ。よって BH の近くでは、(高速度で運動していなくても) 時計の刻みが遅くなる。時計の代わりに振動数 f の放射源を BH 近くの空間に固定し、それを無限遠方で測定した値を f_∞ とすれば、振動数は時間の逆数だから、

$$f_\infty = f\sqrt{1 - R_s/r} \tag{6.158}$$

のように周波数が低下する♡。これが重力赤方偏移 (gravitational redshift) である。光が重力ポテンシャルの深い位置から這い上がってくるときエネルギーを損失し、そのため周波数が下がると考えてもよく、この効果が無限大になる位置が事象の地平面である。面白いことに、この放射源が式 (6.156) でケプラー運動すると、その横ドップラー効果は式 (6.131) より

$$f_\infty = f\sqrt{1 - v_K^2/c^2} = f\sqrt{1 - R_s/2r}$$

となり、因子 2 を除き重力赤方偏移と同じになる。よって $\sqrt{1 - R_s/r}$ という量が、特殊相対論におけるローレンツ因子 $\sqrt{1 - \beta^2}$ に似た役割を担うことがわかる。ただし重力赤方偏移の正体が横ドップラー効果だという意味ではなく、実際の放射源では、重力赤方偏移と、運動に伴う縦・横ドップラー効果が、重なって働く。

2 番目の効果は、重力による光速度の変化であり、一般相対論ではもはや光速度は一定にはならない。ここでも $r > R_s$ とし、たとえば光線が瞬間的に θ 方向に伝

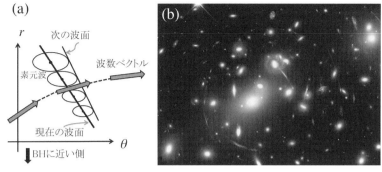

図 6.29 (a) ホイヘンスの原理を用いた、BH 直近における光線の曲がりの説明。(b) ハッブル宇宙望遠鏡による銀河団 Abell 2218 の画像。多数の銀河たちに加え、複数の細長い円弧状の像が見える。これは銀河団に広がる暗黒物質が重力レンズとして、背景天体の形を歪めた結果である。同望遠鏡のホームページより。

わる場合、式 (6.154) で $ds^2 = 0$ および $dr = d\varphi = 0$ と置くことで

$$\left(r\frac{d\theta}{dt}\right)_{\text{光}} = \pm c\sqrt{1 - \frac{R_s}{r}}$$

のように光速度が c より遅くなる。半径方向への伝播では $d\theta = d\varphi = 0$ から

$$\left(\frac{dr}{dt}\right)_{\text{光}} = \pm c\left(1 - \frac{R_s}{r}\right)$$

となって、光速度はさらに遅くなる。しかもその遅くなり方は、光が BH に向かう場合と逃げ出す場合で、同じである。いずれにせよ $r \to R_s$ では光速度は 0 に近づくので、遠方から見ると光でさえ、$r = R_s$ を横切るには無限大の時間を要する。同様にして事象の地平面の内側からは、光でさえ外に逃げ出せない$^\heartsuit$。

3 番目は、重力による光線の曲がり (light bending) である。光速度が進行方向により、また r により異なるので、もはや光が直進しないことは予想できる。その具体的な様子を計算するには、変分法によるフェルマーの原理（第 1 巻、p.73）を用いればよいが、ここではより直観的にホイヘンスの原理[*166]を使う。図 6.29(a) は (r, θ) の子午面を伝わる光の様子で、太線で表した波面から一群の素元波が放射される。$\pm r$ 方向の光速度が $\pm\theta$ 方向よりも遅いので、素元波は円では

[*166] ホイヘンスについては第 1 巻、p.89 の脚注 85 を参照。

なく r 方向につぶれた楕円になり、そのため波数ベクトルは波面と直交しない。これだけだと素元波を連ねた次の波面は、もとの波面と平行だが、光速度は BH に近づくほど、r 方向にも θ 方向にも遅くなるので、図の下方ほど素元波の半径が小さくなり、波面は少し右に傾き、結果として光線は、BH に引き寄せられるように曲がって進むのである。このような効果は「重力レンズ効果 (gravitational lensing)」と称され、図 6.29(b) はその好例の 1 つである（ただし BH は登場しない）。

変分原理にもとづく相対論的な粒子の運動

　少し話を戻し、ミンコフスキー時空における質量 m の粒子の運動を、変分法で記述しよう。ニュートン力学では、粒子のラグランジアン $\mathcal{L}$ は運動エネルギー K とポテンシャルエネルギー U の差 $K-U$ に等しかった。自由粒子であれば $\mathcal{L}=K$ であり、そこに定数項を付加してもよい。そこで特殊相対論における自由粒子のラグランジアンとして、3 次元速度ベクトル $\vec{v}=\mathrm{d}\vec{r}/\mathrm{d}t$ を用い、

$$\mathcal{L} = -mc^2 \sqrt{1-(v/c)^2}$$

と仮定すると、$|\vec{v}| \to 0$ では $\mathcal{L} \approx -mc^2 + \frac{1}{2}mv^2 = K - mc^2$ となって、非相対論的なラグランジアンに $-mc^2$ を加えたものに帰着する。作用 S はこの $\mathcal{L}$ を t で積分したもので、それを固有時間 τ を用いた積分に置き換え、四元速度 $u^\mu = \mathrm{d}x^\mu/\mathrm{d}\tau$ とミンコフスキー計量 $g_{\mu\nu}$ を使うと

$$S = \int \mathcal{L}\mathrm{d}t = -mc^2 \int \sqrt{1-(\vec{v}/c)^2}\left(\frac{\mathrm{d}t}{\mathrm{d}\tau}\right)\mathrm{d}\tau = -mc \int \sqrt{\left(\frac{c\mathrm{d}t}{\mathrm{d}\tau}\right)^2 - \left(\frac{\mathrm{d}\vec{r}}{\mathrm{d}\tau}\right)^2}\,\mathrm{d}\tau$$

$$= -mc\left\{(u^0)^2 - (u^1)^2 - (u^2)^2 - (u^3)^2\right\}^{1/2} = -mc\left\{-g_{\mu\mu}u^\mu u^\mu\right\}^{1/2}$$

と四元形式に書ける。よってこの $\mathcal{L}$ を、特殊相対論での粒子のラグランジアンとみなす。ここから第 1 巻の式 (1.103) のオイラー＝ラグランジュ方程式（最小作用の条件）を立てて解けば、§ 6.4.3 での議論が再現する ♣。

　一般相対論でも、時空座標に依存した計量テンソル $g_{\mu\nu}(x)$ を用い

$$\mathcal{L} = -mc\left\{-g_{\mu\nu}(x)u^\mu u^\nu\right\}^{1/2} \;\; ; \;\; S = \int \mathcal{L}\mathrm{d}\tau \tag{6.159}$$

によりラグランジアン $\mathcal{L}$ と作用 S を定義すれば、粒子の運動は四元時空でこの S

が最小になる世界線、すなわち「測地線 (geodesic)」*167で表される、と考えるのである。ここで 2 つ重要なことがある。まず**重力は計量テンソル $g_{\mu\nu}(x)$ の中に時空の歪みとして含まれるため、重力場での運動なのに重力ポテンシャルが現れない**。さらに粒子の質量 m は $\mathcal{L}$ の全体に掛かるが、$\mathcal{L}$ を定数倍しても測地線は不変だから、**重力場での微小粒子の運動はその質量によらない**。これは一般相対論の基本をなす「等価原理 (princieple of equivalence)」°、すなわち慣性質量と重力質量が等価なことの発現である*168。こうして一般相対論では、運動方程式と重力の法則という、ニュートンの 2 つの業績が統合されている。

　ここで奇妙なことに気づく。式 (6.159) で $g_{\mu\nu}u^\mu u^\nu$ は四元速度の 2 乗長さだから、それは $-c^2$ に等しく、ラグランジアンは $\mathcal{L} = -mc^2$ と定数になってしまう。定数を積分した作用 S に意味があるか疑問に思うが、S は積分の経路の長さにも依存するので、$\delta S = 0$ は最短経路の条件であると考えると納得できよう。それは良いとしても、$\mathcal{L}$ が一定だとそれは偏微分で消え、オイラー=ラグランジュ方程式は $0 = 0$ の恒等式になってしまわないだろうか。そこで簡単な例として、2 次元ユークリッド平面 (x, y) で $\mathcal{L} \equiv \sqrt{x^2 + y^2}$ としてみよう。これを単位円 $x^2 + y^2 = L^2 = 1$ に沿って微分すると、拘束条件から y が x に連動し、確かに $\partial \mathcal{L}/\partial x = 0$ となってしまう♣。しかし変分法の「お約束」として、始点と終点を除き、中間経路での拘束条件は考えないので、$\partial \mathcal{L}/\partial x = x/\mathcal{L}$ であり、しかも結果を「単位円の近傍で評価する」と考えるなら分母で $\mathcal{L} = 1$ としてよく、$\partial \mathcal{L}/\partial x = x$ とみなせる。以上のトリックを認めた上で、座標 x^μ に双対な四元運動量ベクトルの共変表示 $\{P_\mu\}$ を求めると分母が消えてスッキリした結果になる♣；

$$P_\mu \equiv \frac{\partial \mathcal{L}}{\partial u^\mu} = \frac{mc\, g_{\mu\nu}(x)u^\nu}{(-g_{\mu\nu}u^\mu u^\nu)^{1/2}} = m\, g_{\mu\nu}(x)u^\nu \tag{6.160}$$

ちなみに四元運動量ベクトル（エネルギー・運動量ベクトル）は式 (6.102) では、四元速度に m を掛けた量として定義されたので、反変表示だった。しかしラグランジュ形式になると、運動量は座標変数に双対な量となるので、共変表示が自然な形になる。P_2 と P_3 は、内容としては角運動量である。

---

*167　その名の通り測地線とは、地表面で 2 点を結ぶ最短距離の線を意味し、地球を球体と近似し、山や谷を無視すれば、それは大円の一部となる。

*168　この原理は、エトヴェシュ（Etovösh Loránd; ハンガリー、1848-1919）の巧妙な実験°により立証された。ニュートン力学でも、ケプラーの法則には惑星の質量は関係しない。

シュヴァルツシルト時空での粒子の運動

　ニュートン力学では、重い質点が作る重力場での微小粒子の運動は、ケプラー問題となる（第 1 巻、p.19）。それを念頭に、シュヴァルツシルト時空での粒子の運動を考えよう。粒子は赤道面を運動するとして式 (6.154) で $\theta = \pi/2$ および $\mathrm{d}\theta = 0$ とし、$\xi \equiv r/R_s$ と置き、式 (6.160) に従い運動量の第 0 成分と第 3 成分（φ 成分）を求めると、

$$
\begin{aligned}
P_0 &= m\,g_{00}\,u^0 = -m\,(1 - \xi^{-1})u^0 \\
P_3 &= m\,g_{33}\,u^3 = m(R_s\xi)^2 u^3
\end{aligned}
\tag{6.161}
$$

を得る。u^0 の次元が［長さ・時間 $^{-1}$］で、u^3 の次元が［時間 $^{-1}$］であることに注意しよう。他方で運動量を用いるとオイラー゠ラグランジュ方程式は

$$
0 = \frac{\mathrm{d}P_\mu}{\mathrm{d}\tau} - \frac{\partial \mathcal{L}}{\partial x^\mu}
$$

と書ける。定常性と球対称性から、$\mathcal{L}$ は $x^0 = ct$ と $x^3 = \varphi$ に依存しないので、これら 2 成分はすぐ τ で積分でき、無次元の積分定数 ε および l を用いて

$$
P_0 = mc\varepsilon \ ; \ P_3 = mcR_s l
\tag{6.162}
$$

と表される。明らかに ε は粒子のエネルギーを mc^2 で割ったもの、l は角運動量を mcR_s で割ったもので、時間の一様性と空間の等方性にもとづく、エネルギーと角運動量の積分である。以上の式 (6.161) と式 (6.162) から以下を得る：

$$
\begin{aligned}
-m\left(1 - \xi^{-1}\right)u^0 = P_0 = mc\varepsilon \quad &\rightarrow \quad \left(1 - \xi^{-1}\right)u^0 = -c\varepsilon \\
m(R_s\xi)^2 u^3 = P_3 = mcR_s l \quad &\rightarrow \quad u^3 = cl/R_s\xi^2
\end{aligned}
\tag{6.163}
$$

　残る第 1 成分（r 成分）に関する面倒な演算を迂回するため、四元速度の長さの条件 $g_{\mu\mu}u^\mu u^\mu = -c^2$ を $u^2 = \mathrm{d}\theta/\mathrm{d}r = 0$ として書き下すと、$-\left(1 - \xi^{-1}\right)(u^0)^2 + (1 - \xi^{-1})^{-1}(u^1)^2 + R_s^2\xi^2(u^3)^2 = -c^2$ で、この両辺に $(1 - \xi^{-1})/c^2$ を掛けると、

$$
-\left(1 - \frac{1}{\xi}\right)^2\left(\frac{u^0}{c}\right)^2 + \left(\frac{u^1}{c}\right)^2 + R_s^2\xi^2\left(1 - \frac{1}{\xi}\right)\left(\frac{u^3}{c}\right)^2 = \frac{1}{\xi} - 1
$$

を得る。ここに式 (6.163) を代入して u^0 と u^3 を消し、$u^1 = \mathrm{d}r/\mathrm{d}\tau$ を用いると、

$$
-\varepsilon^2 + \left(\frac{\mathrm{d}r}{c\mathrm{d}\tau}\right)^2 + \left(1 - \frac{1}{\xi}\right)\left(\frac{l}{\xi}\right)^2 = \frac{1}{\xi} - 1
$$

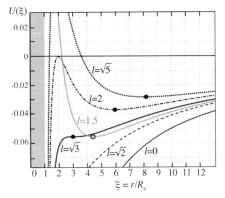

図 6.30 シュヴァルツシルト時空での粒子の運動を表す式 (6.164) の実効ポテンシャルのグラフ。黒丸はポテンシャルの極小点で、円軌道の半径に対応する。灰色の曲線はニュートン力学の場合で、$l = 1.5$ を仮定し、灰色丸はその極小点を示す。

となり、$r = R_s\xi$ 方向の運動に関するエネルギー保存の式として、

$$\left(\frac{dr}{d\tau}\right)^2 + 2U(\xi) = c^2(\varepsilon^2 - 1) \quad ; \quad U(\xi) = \frac{c^2}{2}\left[-\frac{1}{\xi} + \frac{l^2}{\xi^2} - \frac{l^2}{\xi^3}\right] \tag{6.164}$$

が導かれる。この $U(\xi)$ はニュートン力学で中心力場での運動を論じるさいに用いる実効ポテンシャル（第 1 巻、p.17）であり、その第 1 項は

$$-\frac{c^2}{2\xi} = -\frac{c^2 R_s}{2r} = -\frac{GM}{r}$$

としてニュートン力学での重力ポテンシャルに帰着する。同様に第 2 項は遠心力の効果を表す。よって t 微分が τ 微分に変わったことを除くと、非相対論的な場合との違いは、U に $\propto -\xi^{-3}$ の第 3 項が付け加わったことのみである。

最内縁安定円軌道 (ISCO)

以下では式 (6.164) で、$l \neq 0$（円周方向の運動あり）および $\varepsilon < 1$（束縛軌道）を仮定し、U の第 3 項の影響を考えよう[169]。ニュートン力学では $\xi \to 0$ になるにつれて $1/\xi^2$ という遠心力が $-1/\xi$ という重力ポテンシャルに打ち勝ち、図 6.30 の灰色曲線のようにポテンシャルに極小が生まれ、円軌道がそこに収まる。しか

---

[169] $\xi \gg 1 \, (r \gg R_s)$ なら第 3 項の影響は第 2 項に比べて小さく、楕円軌道の近点移動を引き起こす程度にとどまるが°、詳細は他書（p.2、脚注 4 の教科書など）に譲る。

し今の場合、最終的には $-1/\xi^3$ の項が主導的になるので、$\xi \to 1$ ではポテンシャルは負の無限大に向け落ち込む一方である[170]。そうなる途中で実効ポテンシャルに極小が生じるかどうか見るため、いくつかの l に対し $U(\xi)$ を描くと図 6.30 のようになり、l が大きければ極小が生じることがわかる。その位置を決めるため $\mathrm{d}U/\mathrm{d}\xi = 0$ とすると 2 次方程式 $\xi^2 - 2l^2\xi + 3l^2 = 0$ になり、その解のうち極小条件 $\mathrm{d}^2U/\mathrm{d}\xi^2 > 0$ を満たすものを選ぶと、図 6.30 に黒丸で示すように、U の極小位置が

$$\xi = l^2 + l\sqrt{l^2 - 3} \tag{6.165}$$

と求められる。これが実根である条件として $l \geq \sqrt{3}$ が必要であり、$l = \sqrt{3}$ のとき $\xi = 3$ $(r = 3R_s)$ の重根になる。したがって **BH に最も近い安定円軌道は $r = 3R_s$** にあり、それより内側では粒子は **BH** に落下してしまう。この $3R_s$ を「最内縁安定円軌道 (Innermost Stable Circular Orbit; ISCO)」と呼び、後述のように、X 線観測で重要な役割を演じる。図 6.30 で見るように、$l = 2$ であれば式 (6.165) より、$\xi = 6$ がポテンシャルの極小で、他方ポテンシャルの極大は $\xi = 2$ にある。

6.5.5 星の進化と終末

物質を、その質量に対するシュヴァルツシルト半径より小さく圧縮すれば、BH になる。ただし式 (6.155) でわかるように、太陽であれば半径を 3 km（実半径の 4.3×10^{-6} 倍）、地球であれば半径 9 mm（同じく 1.4×10^{-9} 倍）に圧縮する必要があり[171]、これは一見すると不可能なので、長らくシュヴァルツシルト解は理論的な空想の産物に過ぎないと考えられてきた。しかし 1940 年代になり、§ 6.5.1 で登場したヴァイツゼッカーとベーテが、恒星内部のエネルギー源は核融合であると見抜いて以来、恒星の進化論が開花し[172]、実際に BH ができる筋書きが見えてきた。

BH のできかた

図 6.31 は星の進化の概念図で、第 1 巻、p.350 の説明に対応する。そこでも述

---

[170]　この挙動は、第 1 巻、p.21 で触れた「$U \propto n^N$ というポテンシャルで $N < -2$ の場合、有界で閉じた軌道（円軌道を含む）は存在しない」ことと、ほぼ同義となる。

[171]　決して太陽の中心に半径 3 km、地球の中心に半径 9 mm の BH があるという意味ではない。

[172]　この研究で多大な貢献を行ったのが、京都大学の林 忠四郎（1920-2010；1986 年に文化勲章を受賞）とその門下生たちである。日本の理論宇宙物理学者の多くは、この系譜に連なる。

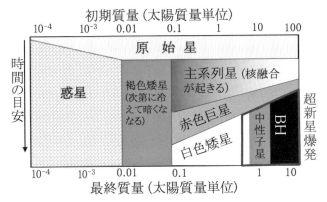

図 6.31 星の進化の概念図。縦軸は大まかな時間経過を示す。進化の過程で質量放出があるので、初期質量(上部横軸)と最終質量(下部横軸)は一致しない。右下の灰色線で囲まれた領域では超新星爆発を伴う。

べたように星とは、自分自身による内向きの重力と、外向きの圧力が安定に釣り合った系である。重力は一種類だが、**星の質量や進化の度合いにより、内部の状態方程式(密度 ρ と圧力 p の関係)が異なる**ため、圧力はさまざまである。結果として異なる種類の星が存在し、それらは図 6.32 のように、質量 M と半径 R の関係で識別される。恒星つまり「狭義の星」が進化すると最期に、白色矮星、中性子星、BH という高密度天体のいずれかが作られる。中性子星と BH の形成は超新星爆発 (supernova explosion) を伴う。

惑星：初期質量が $M \lesssim 10^{-2} M_\odot$($M_\odot$ は太陽質量)の原始星は、重力収縮により惑星となる[*173]。そこではイオン間のクーロン反発力が圧力の源となるので、イオン間の距離はボーア半径 a_0 の程度となり、密度はほぼ一定である。その結果、

$$R \propto M^{1/3} \tag{6.166}$$

という依存性が成り立ち♣、じっさい太陽系の 4 つの外惑星はその直線上に整列す

[*173] 話を極度に単純化したが、惑星のできかたは複雑で、親星の存在を抜きには語れない。

る[174]。では M が増えたとき内部の平均的な圧力 p がどう変わるかというと、第 1 巻の式 (3.135) によれば $\Psi = -3pV$ が状態方程式の形によらず成り立つ。ここに $V \propto R^3$ は星の体積、$\Psi \sim -\frac{3}{5}GM^2/R$ は自己重力エネルギーである。したがって

$$p = -\Psi/3V \propto M^2 R^{-4} \tag{6.167}$$

というスケーリング関係式が、星の種類を問わず成り立つ。さらに惑星では $R \propto M^{1/3}$ を用いると $p \propto M^{2/3}$ となって、質量とともに内部の圧力が高まることがわかる。ほぼ一定だった中心部の密度もやがて徐々に上昇し、隣接する原子の核外電子の波動関数が重なり始める。するとパウリの排他律 (exclusion principle)[175]のため、原子核周りの安定な電子軌道が消失し、電子は原子核に束縛されず、近似的に自由電子として振る舞うようになる。これを「圧力電離 (pressure ionization)」と呼び、その結果、密度がほぼ一定という惑星の性質が成り立たなくなる。

褐色矮星 (BD)：こうして初期質量が $M \gtrsim 10^{-2}M_\odot$ になると、星はもはや惑星ではなく、褐色矮星 (brown dwarf; 以下 BD) となる。その内部では圧力電離により電子がほぼ自由電子となり、そのフェルミ縮退圧$^\circ p_{\mathrm{d}}$ が重力に拮抗するので、**電子縮退した星**と表現される。こうした自由フェルミ気体$^\circ$の状態方程式は、非相対論的な範囲で $p_{\mathrm{d}} \propto (\rho/\mu_{\mathrm{e}})^{5/3} \propto (M/\mu_{\mathrm{e}}R^3)^{5/3} \propto (M/\mu_{\mathrm{e}})^{5/3}R^{-5}$ と書ける[176]。ここに電子 1 個が支える核子数を μ_{e} とした。式 (6.167) の p にこの p_{d} を代入すれば、$M^2R^{-4} \propto (M/\mu_{\mathrm{e}})^{5/3}R^{-5}$、よって $R \propto \mu_{\mathrm{e}}^{-5/3}M^{-1/3}$ という比例関係を得る。これが図 6.32 に示した右下がりの点線で、重い BD ほど半径が小さい。なぜなら M が増えると重力を支えるため、より大きな縮退圧が要求され、それには星が縮んで密度を上げる必要があるからである。BD は重力収縮をエネルギー源とするが、小さく低温なので観測は難しく、惑星とも区別しにくい[177]。

　上のように比例関係を用いて議論する方法は、複雑な計算をせず物事の本質を見抜く上で有効だが、より厳密な計算も重要である。そこでフェルミエネルギー ϵ_{F}

---

[174] 図の左にはみ出すが、水星から火星までの岩石型内惑星も実はこの上に乗るので、確かめるとよい$^\circ$。太陽系のほとんどの惑星や衛星で、平均密度は 0.7-5.5 g cm^{-3} に揃う。中心部は、地球ではマグマのような溶融岩石、木星ではおもに液体（または固体）の水素と考えられる。

[175] Wolfgang Ernst Pauli (1900-1958) はオーストリアの物理学者で、量子力学的な排他律の提唱、スピンを表すパウリ行列などで知られる。1945 年にノーベル賞を受賞。理論には優れていたが実験は苦手で、彼が近づくだけで実験装置が壊れることが多く、「パウリ効果」と呼ばれた。

[176] 電子の数密度を n_{e} とすれば、$\epsilon_{\mathrm{F}} \propto n_{\mathrm{e}}^{2/3}$ だから$^\blacktriangle$、$p_{\mathrm{d}} \propto n_{\mathrm{e}}\epsilon_{\mathrm{F}} \propto n_{\mathrm{e}}^{5/3} \propto (\rho/\mu_{\mathrm{e}})^{5/3}$ である。

[177] 「褐色」という名前は、BD たちが低温なことを表す。1995 年、米国パロマー望遠鏡を用い、世界で初めて BD の撮像・分光に成功したのは、米国に留学中の中島 紀（現・自然科学研究機構アストロバイオロジーセンター）らであった。

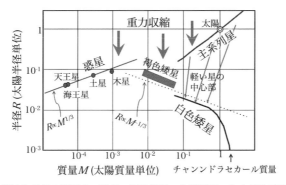

図 **6.32**　星の質量と半径の関係を、惑星、褐色矮星、主系列星、および主系列星の中心部が収縮してできる白色矮星という 4 種類について、両対数表示したもの。二重丸は太陽を示す。

を書き下し♣、それを用い $p_\mathrm{d} = \frac{2}{5} n_\mathrm{e} \epsilon_\mathrm{F} = (3/8\pi)^{2/3}(h^2/5m_\mathrm{e})n_\mathrm{e}^{5/3}$ と表し♣、Ψ の表式も係数を省略せずに計算すると、両辺で次元が見やすく揃った

$$RM^{1/3} = C\,\mu_\mathrm{e}^{-5/3}\lambda_\mathrm{c}m_\mathrm{p}^{1/3}\alpha_\mathrm{G}^{-1}\quad(C\ \text{は}\ 1\ \text{のオーダーの係数})\tag{6.168}$$

という驚くほど美しい関係に到達する♣。つまり電子縮退星の質量や半径という巨大な量からなる左辺が、第 2 巻の式 (5.176) のコンプトン波長 λ_c（電子縮退圧を代表する）と陽子質量 m_p（重力に感応する）という、ミクロな基本定数からなる右辺に結びつけられる。それらをつなぐのが、第 2 巻、p.203 脚注 143 でも触れた無次元量

$$\alpha_\mathrm{G} \equiv \frac{Gm_\mathrm{p}^2}{\hbar c} = \frac{Gm_\mathrm{p}^2}{(\hbar/m_\mathrm{p}c)}\frac{1}{m_\mathrm{p}c^2} = 5.9\times10^{-39}\tag{6.169}$$

すなわち「重力微細構造定数 (gravitational fine structure constant)」である[*178]。さらに太陽半径 $R_\odot = 2.3$ 光秒 $= 6.9\times10^8$ m を用いると式 (6.168) は、

$$R = 0.011(\mu_\mathrm{e}/2)^{-5/3}(M/M_\odot)^{-1/3}R_\odot\tag{6.170}$$

と書かれ、**電子縮退星は $R \sim 0.01R_\odot$ という地球サイズの天体**だとわかる。惑星の半径は式 (6.166) のようにボーア半径、電子縮退星の半径はコンプトン波長で決ま

[*178]　2 番目の表式でわかるように α_G は、量子力学的な広がり程度の距離にある 2 つの陽子の間に働く重力エネルギーを、陽子の静止質量エネルギーで割ったものである。

るわけで、**微視的物理量が巨大な天体の性質を左右する**のである。

<u>主系列星</u>：初期質量が $M > 0.08\ M_\odot$ の原始星では[179]、重力収縮で温度が高まるため中心部で水素の核融合が始まり、収縮はそこでいったん止まる。これが一人前の主系列星 ♡(main-sequence star) の誕生で、星はその後は核エネルギーにより輝き続ける（第1巻§3.4.7）。状態方程式は理想気体のものになるが、そこには温度というパラメータが加わり話が複雑になるので、本書では踏み込まない[180]。主系列星が進化すると、外層は膨れて赤色巨星となると同時に、中心部は重力によりさらに収縮して高密度になり（第1巻§3.4.4〜3.4.6）、星は最期に近づく。

<u>白色矮星 (WD)</u>：赤色巨星は膨れた外層を星風 (stellar wind) として星間空間にゆっくり放出する結果、中心部は高密度の天体として残される。これが白色矮星（white dwarf; 以下 WD）で、それは BD と同じく電子の縮退圧で支えられるが、3つの点で異なる。まず赤色巨星の中心部は 10^8 K を超える高温になるため、それを受け継いで WD は高温で生まれ、その名の通り白く輝く。第2に星間ガスから作られる BD では、宇宙の平均的な元素組成として水素がヘリウムの約3倍（重量比）なので $\mu_e \approx 1.17$ なのに対し ♣、WD の組成はおもに He、C、Ne、O などだから $\mu_e = 2.0$ である[181]。よって同じ質量でも BD は WD に比べ、$(1.17/2.0)^{-5/3} = 2.5$ 倍ほど半径が大きい。3番目に最も重要な違いとして、BD は質量 $< 0.08\ M_\odot$ なのに対し、WD はより大質量になりうる。すると縮退電子の ϵ_F が上昇してやがて相対論的になる結果、状態方程式が相対論的フェルミ気体のものに $\epsilon_F = (3/8\pi)^{1/3} hc n_e^{1/3}$ と変更され、よって $p_d = \frac{1}{4} n_e \epsilon_F \propto n_e^{4/3} \propto (M/\mu_e)^{4/3} R^{-4}$ となる ♣。これを用い同様の計算をすると両辺から R が落ち、質量が $M \propto \mu_e^{-2}$ という一定値になる。より正確に計算すると、C' を1のオーダーの係数として、

$$M = C' m_p\, \alpha_G^{-3/2} (\mu_e/2)^{-2} = 1.8 C' (\mu_e/2)^{-2} M_\odot$$

となって、この C' の中味をより厳密に計算すると

$$M = 1.47\,(\mu_e/2)^{-2}\, M_\odot \quad \equiv M_{\mathrm{ch}} \tag{6.171}$$

---

[179] 第1巻、p.351 の 5. で $M = 0.8 - 8\ M_\odot$ とあるのは、$M = 0.08 - 8\ M_\odot$ の誤りだった。

[180] 温度の効果を近似するためしばしば $p \propto \rho^q$ などと置き、q を現象論的なパラメータとして扱う。BD や WD では、非相対論的な場合は $q = 5/3$、相対論的な場合は $q = 4/3$ に相当する。

[181] 式 (6.170) などの $(\mu_e/2)$ という形は、WD を意識したもの。恒星シリウスには、主星より4桁も暗い WD の伴星があり、両者は 50.1 年の周期で共通重心の周りを公転する。

が得られる。この M_ch はチャンドラセカール質量 (Chandrasekhar mass)[*182]と呼ばれる **WD の上限質量**で、図 6.32 の右下に示される。こうして ϵ_F が相対論的になると、電子はもはや十分な縮退圧を発生できず、質量—半径の関係は図の曲線のように下向きに曲がり始め、最終的に M_ch を超えられない。

<u>中性子星 (NS)</u>：大質量の主系列星が進化し、高密度な中心部の質量が M_ch を上回ると、電子の縮退圧ではもはや重力収縮を止められず、WD が作られてもその半径はどんどん縮み、中心部で電子の ϵ_F が ~ 1 MeV を超えると、

$$\mathcal{A}(Z, N) + e^- \rightarrow \mathcal{A}(Z - 1, N + 1) + \nu_e$$

などの「中性子捕獲過程 (neutron capture process)」が解発される[*183]。$\mathcal{A}(Z, N)$ は陽子数 Z で中性子数 N の原子核を表す。この反応や鉄の光分解反応[♡] が進む結果、星の中心部は重力崩壊し、電子の大部分は姿を消し、中性子過剰な原子核ないし裸の中性子が密に詰まった超高密度の天体ができる。これが中性子星 (neutron star; NS) で、第 1 巻の §1.2.7 や §2.7.4、第 2 章の §4.2.4、§4.3.9、§5.1.9 などで登場した。このとき星の外層部は超新星爆発として外部に放出される。

BD や WD では電子の縮退圧が重力を支えていたのに対し、NS ではフェルミオンとしての中性子の縮退圧が、その強烈な重力に拮抗している。式 (6.168) を見ると、電子の役割りはコンプトン波長 $\lambda_c = h/m_e c$ にのみ現れているから、それを $h/m_n c$ (m_n は中性子質量) に置き換えれば、BD/WD の議論がそのまま NS にも適用できる。そこで WD および NS の諸量に添字 wd と ns を付けて示せば、

$$\frac{(RM^{1/3})_\text{ns}}{(RM^{1/3})_\text{wd}} = \left(\frac{m_e}{m_n}\right)\left(\frac{\mu_\text{wd}}{\mu_\text{ns}}\right)^{-5/3} = 3.17\left(\frac{m_e}{m_n}\right) = 1/580 \tag{6.172}$$

という、これも美しい関係が得られる。ここに $\mu_\text{wd} = 2$ と $\mu_\text{ns} = 1$ を用いた[*184]。同じ質量で比べると、**NS と WD の半径の比は、およそ電子と核子の質量比になっている**。さらに式 (6.170) で WD 半径が太陽半径の 1/100、つまり地球半径 (6370 km) と同程度なことから、

[*182]　Subrahmanyan Chandrasekhar (1910-1995) はインド生まれの傑出した理論天体物理学者。イギリスで学位を取得の後、アメリカで活躍し、1983 年にノーベル物理学賞を受賞した。1999 年に打ち上げられたアメリカの X 線天文衛星 *Chandra* は、彼にちなむ。*Astrophysical Journal* 誌の編集委員長を務めていたさい、彼は投稿されたすべての論文に自ら目を通したという。

[*183]　この反応は ϵ_F が低いとエネルギー的に右に進めない。

[*184]　WD では電子 1 個が陽子 1 個と中性子 1 個を支えるのに対し、NS では中性子が自分自身を支えればよい。WD の方は、老齢化社会の負担を若者に押し付ける図式に見えて心が痛む。

$$R_{\mathrm{ns}} \approx 11 \ \mathrm{km} \tag{6.173}$$

が導かれる[185]。太陽と NS を比較するなら、半径が 5 桁弱も違う。これは
p.98 で述べた「原子と原子核の違い」にほぼ対応する ♣。

　同様に式 (6.171) で $\mu_{\mathrm{e}} = \mu_{\mathrm{N}} = 1$ とすれば NS の上限質量として $1.47 \times 4 =$
$5.9 \ M_{\odot}$ が導かれる。ただし BD や WD では電子を理想フェルミ気体とみなせ
た[186]のに対し、縮退した中性子気体の場合、粒子間に働く核力が無視できない。
さらに重力が強いため、NS 内部の力学的釣り合いには一般相対論を用いる必要が
ある。この 2 つの効果のため NS の上限質量は少し低下し、

$$M_{\mathrm{ns}} \leq 3 M_{\odot} \tag{6.174}$$

となると考えられる。

　観測された NS 質量は $M_{\mathrm{ns}} \approx 1.4 \ M_{\odot}$ に集中している。この質量 $1.4 \ M_{\odot}$ に対す
るシュヴァルツシルト半径（式 6.155）に比べ、式 (6.173) の NS 半径は、わずか
2.7 倍ほど大きいだけなので ♣、NS の内部の釣り合いを考えるのに一般相対論は
不可欠である。また式 (6.122) の原子核密度と比べ NS の密度は、平均で $\approx 2\rho_{\mathrm{N}}$、
中心部では $(10 - 15)\rho_{\mathrm{N}}$ に達する ♣。

BH の誕生：遠回りの末、ようやく話が BH に戻ってきた。十分に重い星が進化
し、最期に中心部が重力崩壊するとき、その部分の質量が式 (6.174) の NS の上限
質量を超えていると、もはや中性子の縮退圧でも星を支え切れず、潰れて BH に
なると考えられる。これが BH の生成機構として現時点で知られている主要な過
程である。その他に、NS に質量が降着して BH へと崩壊する可能性も、ありうる
と考えられるが、詳細はまだ不明である。

6.5.6　ブラックホール (BH)：観測的な側面

　20 世紀の中頃、BH が実在する可能性が浮上はしたが、光も吸い込む BH は
「闇夜にカラス」なので、その直接検証は難しそうだ。そんな中で 1961 年の宇宙
X 線の発見（第 2 巻 § 4.3.9）が新たな光明となった。**BH が恒星と近接連星をな
すと、星のガスが BH の重力に捉えられ落下してゆく現象、すなわち質量降着
(mass accretion) が起きる可能性がある。**ただし降着が起きるためには、**物質が**

---

[185]　これは図 6.32 では下にはみ出してしまい、示されていない。
[186]　電子間のクーロン反発力は、背景にあるイオンの正電荷で中和されると考える。

角運動量とエネルギーを捨てる必要がある。エネルギーを捨てる効率の良い過程は電磁波（後述のようにとくに X 線）の放射であり、それは事象の地平面の外側で発生するので、BH に飲み込まれず我々に届く。したがって降着起源の X 線を手掛かりに、連星をなす BH の候補が探査できる。さらに X 線の位置を精度よく決め、光学天体と同定すれば、その星の可視光ドップラー効果から X 線天体の質量が推定でき、それが式 (6.174) の上限質量を上回れば、NS ではなく BH と結論できる。

はくちょう座 X-1：ブラックホールは実在する

　上記の筋書きは 1970 年代の初め、「はくちょう座 X-1」（以下 Cyg X-1）という宇宙 X 線源に対し大成功を収め、その中で大きな貢献を行ったのが、第 2 巻 §4.3.9 で登場した小田稔だった。その貢献は 2 点にまとめられる。1 つは 1970 年にアメリカが打ち上げた世界初の X 線衛星「ウフル (*Uhuru*)」[187]を用い、その 6 年ほど前に発見されていた Cyg X-1 を繰り返し観測した結果、つねに 1 秒より速い変動を検出したことである。当時、天体がこのような変動を行うことは想定外だったので、これはタダモノではないと直観した小田は 1971 年に論文で「このような速い変動を行う天体は、中性子星やブラックホールなど、重力崩壊した小さい天体であろう」という趣旨の記述をした[188]。たった一言だが、実在の天体と BH を結びつけた最初の論文である。この X 線の速い変動は図 6.33(a) のように、直後に行われたロケット実験で追認され、続く各国の歴代の X 線衛星で詳しく調べられている。

　小田らのもう 1 つの貢献は、「すだれコリメータ」(§4.3.9) を用いた気球実験などで、Cyg X-1 の X 線の位置を徐々に絞り込んだことである。その位置に電波天文学者たちが電波源を発見し、電波の位置を頼りにした光学探査で、図 6.33(b) のように HDE226268 という 9 等級の青色超巨星が見つかった。このような星は全天で十数万個もあるが、この星は $M \approx 25\ M_\odot$[189]の超巨星で、それが視線方向に振幅 $K = 75\ \mathrm{kms}^{-1}$ と 5.6 日の周期で、揺り動かされていた。X 線天体はこの星と連星をなし、それを振り回すほど、自分も大質量だということになる。

---

[187]　この衛星はケニア沖の海上発射台から打ち上げられ、その日がケニアの 7 回目の独立記念日だったことから、スワヒリ語で「自由」を意味する *Uhuru* と命名された。

[188]　M. Oda *et al. Astrophysical Journal Letters* Vol.166, L1(1971) で、正確に言うと、73 ミリ秒の周期性がありそうで、それは潰れた天体の自転周期であると考えた。

[189]　光学スペクトルの特徴から、星の質量がほぼ推定できる。

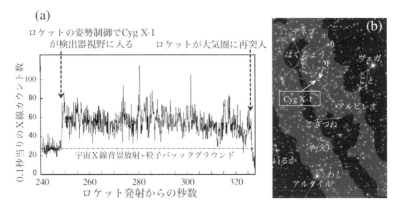

図 **6.33** 1971 年にロケット観測で得られ Cyg X-1 の強度変動 (S. Rappaport, R. Doxsey & W. Zaume, *Astrophysical Journal Letters*, Vol.168, L43 (1971))。ロケットの飛翔は、わずか数分間である。(b)「夏の大三角形」を含む天域の星図。立体は恒星名、斜体は星座名。Cyg X-1/HDE226868 は、はくちょう座 η 星の近くにある。

ここで連星の力学を考えよう。円軌道を仮定し、光学主星と X 線天体の質量をそれぞれ M_o および M_x、両者の距離を a、軌道角速度を ω とすれば、ケプラーの法則は換算質量 ♡ を用いて

$$\left(\frac{M_o M_x}{M_o + M_x}\right) a \omega^2 = G \frac{M_o M_x}{a^2} \quad \Rightarrow \quad a^3 \omega^2 = G(M_o + M_x) \tag{6.175}$$

と書ける ♣。共通重心から主星中心までの距離は $a \times M_x/(M_o + M_x)$ だから ♣、軌道傾斜角を i（真上から見たとき $i = 0$）とすれば、$K = a[M_x/(M_o + M_x)]\omega \sin i$ である。これらの式から a を消すと、軌道周期を $P = 2\pi/\omega$ として

$$(M_x \sin i)^3/(M_o + M_x)^2 = K^3 P/2\pi G$$

という関係を得る ♣。右辺は観測量で、それは左辺の形からわかるように質量の次元をもつ。さらに両辺を M_o で割り、質量比を $q \equiv M_x/M_o$ と置き、右辺に観測量を入れ、$\sin i$ を右辺に移し、光学観測からの推定値 $i \sim 30°$ を用いると、

$$\frac{q^3}{(1+q)^2} = \frac{K^3 P}{2\pi G M_o \sin^3 i} = 0.078 \left(\frac{K}{75}\right)^3 \left(\frac{P}{5.6\mathrm{d}}\right) \left(\frac{M_o}{25 M_\odot}\right)^{-1} \left(\frac{\sin i}{0.5}\right)^{-3}$$

となって、左辺を計算すれば $q = 0.58$、よって $M_x = 14.5\ M_\odot$ が解である。その後 M_o や i の値は改訂されてきたが、**Cyg X-1 が (10 – 20) $M_\odot$ の質量をもつという結論は変わらない。Cyg X-1 は BH であり、BH は確かに実在する。**

驚くべきなのは、電子メールはもちろん、FAX さえなかった当時、これら一連の研究が世界中で恐るべき早さで進み、1974 年頃には Cyg X-1 を BH とみなす考えが、ほぼ市民権を得たことである[*190]。じっさい、題名やアブストラクトに「Cygnus X-1」を含む査読付き論文の件数は、1965-1970 年では年間に数編だったのに対し、1971 年には 18 編、1972 年から 1975 年にかけては 29、25、47、53 と急増したが、1970 年代の後半にはやや減少して年間 30 編ほどに落ち着いた[*191]。

その後 Cyg X-1 と同様に BH とおぼしき、銀河系内の X 線源もいくつか認定されたが、用いた論理はいずれも「$> 3\,M_\odot$ であれば NS ではありえない」という消去法であり、相対論とも直接には関係しない。また光学観測が必須だが、X 線源のうち光学同定できないものも多い[*192]。そこで 1980 年代、当時 30 代だった私は、何とか X 線の性質だけから BH 天体を NS と識別できないかと模索していた。それを説明するため、次に質量降着の物理を議論しよう。

BH への物質の降着

質量 M の天体の周囲を半径 r で円運動する質量 m の粒子は、エネルギー $E = -GMm/2r$ と角運動量 $L = \sqrt{Gmr}$ という 2 つの保存量をもつ（第 1 巻 § 1.1.2）。そのためガス塊が BH や NS の重力に引かれても、すぐには落下できず、まず BH や NS の周りにケプラー回転する「降着円盤 (accretion disk)」を形成する。円盤中のガスが中心へ落下するためには、E と L の両方を減らす必要がある。角運動量は保存性が強く、磁力線などを介し降着円盤の内側から外側へ輸送されねばならない[*193]のに対し、エネルギーは電磁放射で減らせる。そこで本書では角運動量の輸送は無視し、BH や NS の近傍でのエネルギーだけを考える。この立場が許されるのは、大きい半径では L の減り方が、また小さい半径では E の減り方が、それぞれ律速段階となるからである♡。簡単のためニュートン力学を用い、重力赤方偏

[*190]　1974 年、ホーキングとソーン（Kipp Thrne,1940-; アメリカの理論物理学者で 2017 年にノーベル物理学賞を受賞）が「Cyg X-1 は BH か」という賭けをし、ホーキングは「BH ではない」、ソーンは「BH である」に賭け、1990 年代になってホーキングが負けを認めたという。ただしこれはホーキングの遊び心の発露で、実は彼も Cyg X-1 は BH だと思っていたらしい。

[*191]　1990 年頃から再び増加し始め、2000 年以降は毎年、100 編ほどである。

[*192]　とくに銀河面の銀河中心に近い位置にあると、星間減光で可視光観測が難しい。

[*193]　1991 年にアメリカのバルバス（Steven A. Balbus; 1953-）とホーリー（John F. Hawley; 1958-）が提唱した、磁気回転不安定性 (magneto-rotational instability) が有力な機構と考えられ、結果として円盤の外側ではガスの一部が角運動量を抱えて系から飛び去ることがある。

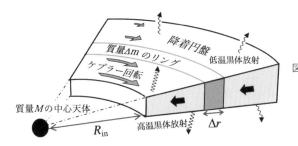

図 **6.34** 降着円盤の模式図。バウムクーヘンを人数分に等分し、そのひと切れを描いたものに当たる。円盤の上面と下面から等しく放射が発生する。

移などの相対論効果は無視する。

いま図 6.34 のように、質量 M の中心天体の周りに降着円盤が形成されたとし、時間 Δt の間に円盤が半径方向に Δr だけ落下したとする。図で影をつけたリングの質量 Δm の重力エネルギーは、その間に $\Delta E = -(GM\Delta m/r^2) \times |\Delta r|$ だけ負に落ち込む。すると解放された $-\Delta E > 0$ の半分はビリアル定理（第 1 巻 §1.1.3）により、回転運動エネルギーの増分になり、残る半分は外界に放射で捨てられる。それが表面積 $2\pi r|\Delta r|$ をもつリングの両面から黒体放射として放射されるなら、

$$\frac{1}{2} \times \frac{GM\,\Delta m\,|\Delta r|}{r^2} = 2 \times 2\pi r|\Delta r|\,\sigma T(r)^4 \times \Delta t$$

が成り立ち、$T(r)$ は半径 r での円盤温度、$\sigma \equiv \pi^2 k_B{}^4/60\hbar^3 c^2 = 5.67 \times 10^{-8}$ W m^{-2}K^{-4} は第 1 巻の式 (3.125) のシュテファン・ボルツマン定数である。質量降着率を $\dot{M} \equiv \Delta m/\Delta t$ と書けば[194]、

$$\frac{GM\dot{M}}{8\pi r^3} - \sigma T(r)^4 \tag{6.176}$$

が得られ、円盤の温度は中心に向けて $T(r) \propto r^{-3/4}$ で上昇する。この描像を「標準降着円盤 (standard accretion disk)」と称する。

標準降着円盤の内縁半径が $R_{\rm in}$ にあり、外縁半径は十分に大きいとして積分すると、円盤全体からの放射光度は、再び円盤の両面を考えることで

$$\mathscr{L}_{\rm disk} = 2 \int_{R_{\rm in}}^{\infty} 2\pi r\sigma T(r)^4 dr = \frac{GM\dot{M}}{2} \int_{R_{\rm in}}^{\infty} \frac{1}{r^2} dr = \frac{GM\dot{M}}{2R_{\rm in}} \tag{6.177}$$

となり、降着率 $\dot{M}$ でガスが無限遠から $R_{\rm in}$ まで落下するとき単位時間あたり解放

---

*194 $\dot{M}$ はそれ自体で 1 つの物理量であり、物理量 M の時間微分という意味ではない。

される重力エネルギーの、半分である[195]。さらに円盤内縁での温度を $T(R_{in}) \equiv T_{in}$ と書けば式 (6.176) から $GM\dot{M} = 8\pi\sigma R_{in}^3 T_{in}^4$ で、それを式 (6.177) に代入すると、シュテファン・ボルツマンの法則（第 1 巻式 (3.124)）とそっくりな、

$$\mathscr{L}_{disk} = 4\pi R_{in}^2 \sigma T_{in}^4 \tag{6.178}$$

というたいへん美しい関係が得られる[196]。では R_{in} はどう決まるかを考えると、p.128 で導いた ISCO、つまり

$$3R_s = \frac{6GM}{c^2} = 89\left(\frac{M}{10\,M_\odot}\right) \text{ km} \tag{6.179}$$

がそれに相当すると考えればよかろう。そこで式 (6.177) で $R_{in} = 3R_s$ と置けば、これまた極めて美しい関係として

$$\mathscr{L}_{disk} = \frac{1}{12}\dot{M}c^2 \tag{6.180}$$

が得られる。すなわちシュヴァルツシルト **BH** に物質が降着するさい、その静止質量エネルギーの **1 割弱**が放射に変換され[197]、それは $r > 3R_s$ から発するので十分に我々に届く。これが電磁波で BH を探査するさいの指導原理である。

エディントン限界光度

式 (6.180) はわかりやすいが、BH 質量 M が消えてしまった。すると同じ降着率 $\dot{M}$ を与えたら、BH は質量に関係なく同じ光度で輝くのだろうか。また $\dot{M}$ を増やせば、BH はいくらでも高い光度を出せるのだろうか。実はそうではなく、$\mathscr{L}_{disk}$ が増え、外向きの放射圧が重力に拮抗すると、降着が阻止されてしまう[198]。この限界となる光度 $\mathscr{L}_{disk}^c$ を求めよう。半径 r の球面を外向きに貫く光子運動量の流束は $\mathscr{L}_{disk}/4\pi r^2 c$ だから♣、その位置にある微小体積 dV に光子が及ぼす外向きの力は $F_{out} = (\mathscr{L}_{disk}/4\pi r^2 c)n_e\sigma_T dV$ で、n_e は電子の数密度、σ_T は第 2 巻式 (5.174) のトムソンの断面積である。同じ dV に働く内向きの重力は、質量密度を ρ として $F_{in} = GM\rho dV/r^2$ である。$F_{in} = F_{out}$ と置けば dV/r^2 が両辺から消え、電子 1 個あ

---

[195] 残り半分はビリアル定理により、$r = R_{in}$ でのケプラー回転エネルギーに蓄えられる。

[196] R_{in} は円盤中央に開いた穴の半径で、穴が大きいほど光度が高いという結果は矛盾に見えるが、T_{in} が R_{in} に連動することを考えると理解できる♣。

[197] 重力赤方偏移を考えると、式 (6.180) より少し減る。

[198] 赤道方向から物質を落とし極方向に放射を逃すなど、異方性を許せば、この限界を突破できると考えられる。

たりの核子数 μ_e (p.130) を使うと $\rho = m_p \mu_e n_e$ だから n_e も消え、

$$\mathscr{L}_{\text{disk}}^c = 4\pi c G M \mu_e m_p \sigma_T^{-1} = 1.5 \times 10^{32} \left(\frac{M}{10 M_\odot} \right) \left(\frac{\mu_e}{1.17} \right) \text{ W} \tag{6.181}$$

を得る。この $\mathscr{L}_{\text{disk}}^c$ を「エディントン光度 (Eddington luminosity)」ないし「エディントン限界光度」[*199]、それに対応する質量降着率 $\dot{M}^c$ をエディントン降着率と呼ぶ。よって**質量降着する BH の場合、質量が大きいほど高い光度で輝ける**ことになる。

この概念は降着現象のみならず、太陽や星の大気に対しても成り立つ。太陽質量に対するエディントン光度 $\mathscr{L}_\odot^c$ と比べ、実際の太陽の光度は $\mathscr{L}_\odot = 3.83 \times 10^{26} \text{ W} = 2.6 \times 10^{-5} \mathscr{L}_\odot^c$ なので、太陽大気では放射圧はまったく効かない。しかし主系列星の光度はおよそ $\propto M^{3.7}$ で急増するので♡、$M \gtrsim 50 \, M_\odot$ の大質量星では自身の光度が対応するエディントン光度を追い越し、星は外層を激しく放出する。

降着現象に話を戻すと、式 (6.178) で $R_{\text{in}} = 3R_s$ とすれば

$$\mathscr{L}_{\text{disk}} = 5.6 \times 10^{31} \left(\frac{M}{10 M_\odot} \right)^2 \left(\frac{T_{\text{in}}}{10^7 \text{K}} \right)^4 \text{ W} \tag{6.182}$$

なので、これが式 (6.181) の $\mathscr{L}_{\text{disk}}^c$ の ζ 倍 $(0 < \zeta \leq 1)$ だとすれば

$$k_B T_{\text{in}} = 1.2 \left(\frac{c_f}{1.2} \right) \left(\frac{M}{10 M_\odot} \right)^{-1/4} \zeta^{1/4} \text{ keV} \tag{6.183}$$

を得る $(1 \text{ keV} = 1.16 \times 10^7 \text{ K})$。この ζ は相対的な降着率であり、$c_f \approx 1.2$ はさまざまな補正[*200]を取り込んだ係数である。よって質量 $\sim 10 M_\odot$ の BH が降着で目一杯 $(\xi = 1)$ に輝くと、円盤内縁の温度が $\sim 1.2 \text{ keV}$ になる。これは X 線光子のエネルギー域だから、質量降着する BH の探査には、X 線が最適なのである。この式を数値的に示す代わりに、すべての物理量や係数を残せば、$N \equiv M/m_p$ として

$$k_B T_{\text{in}} = c_f \left(\frac{5}{8\pi^3} \right)^{1/4} \left[\frac{(m_e c^2)(m_p c^2)}{\alpha_G^{1/2} \alpha_E} \right]^{1/2} \zeta^{1/4} N^{-1/4}$$

と書け、$c_f (5/8\pi^3)^{1/4}$ という数係数や、N と ζ という無次元パラメータを除き、基礎物理定数だけで T_{in} が表現できるので、挑戦してみてはいかがだろう♣。

[*199] Sir Arthur Eddington (1882-1944) はイギリスの著名な天文学者。天体物理学に優れた業績を挙げたが、1930 年代後半に自分の指導するチャンドラセカールが「M_{ch} を超える星はブラックホールになる」と提唱したとき、頭ごなしに批判しその学説を潰してしまったという。

[*200] 円盤の色温度と実効温度の比、$r = R_{\text{in}}$ での境界条件、重力赤方偏移など。

BH と NS を識別する

図 6.35(a) は標準降着円盤からの放射スペクトルを、$h\nu/k_{\rm B}T_{\rm in}$ の関数として両対数表示したもので、同じ光度をもち温度 $T = T_{\rm in}$ の黒体放射の場合（第 1 巻図 3.16；第 2 巻、§ 5.3.2 のボース・アインシュタイン分布も参照）と比べると、低エネルギー側でより強い。これは円盤放射が「多温度黒体放射」で、外側の低温な部分が寄与するからである。定量的にいうと $h\nu \ll k_{\rm B}T$ では、黒体放射フラックスが $\propto (h\nu)^2$ なのに対し、円盤放射は $\propto (h\nu)^{1/3}$ と振る舞う。他方 $h\nu \gg k_{\rm B}T$ では、円盤放射は $T \approx 0.75T_{\rm in}$ の黒体放射で近似できる。

ある宇宙 X 線源から、図 6.35(a) の円盤放射の顔つきをした X 線スペクトルが検出されたからといって、その天体が BH と即断はできない。なぜなら同様な円盤は、磁場の弱い[*201]NS に降着が起きる場合にも形成されるからで、NS と BH を区別することが必須である。それに道を拓いたのが 1983 年に打ち上げられた X 線衛星「てんま」で、同衛星で得られた 2 つの X 線天体のスペクトルを図 6.35(b) に示す[*202]。一方の天体は、弱磁場 NS である Sco X-1 (§ 4.3.9)、他方の GX 339–4 と呼ばれる X 線源は光学未同定だったが、X 線の挙動から BH 候補とみなされていた[*203]。ScoX-1 のスペクトルは、時間変動を利用して 2 つの成分に分解され、低エネルギー側のものは $k_{\rm B}T_{\rm in} = 1.5$ keV の円盤放射、高エネルギーのものは $k_{\rm B}T = 2.0$ keV の黒体放射で再現された。前者は $M = 1.4M_\odot$ の NS に $\zeta \approx 1$ で降着が起き、形成された円盤が NS の表面近くで途切れ、$R_{\rm in} \approx 11$ km だとすると、式 (6.178) から理解できる。後者は、半径 $R_{\rm in}$ でケプラー回転する降着物質が、NS 表面に突っ込み衝撃波を作ることで NS 表面を加熱し、そこから黒体放射が出るとして理解できる[*204]。ビリアル定理の予言どおり、これら 2 成分はほぼ同じ光度をもつ。

他方で GX 339–4 のスペクトルは円盤放射のみで再現され、黒体放射成分が見られないので、**この天体には硬い表面がなく、BH であろう**といえる。さらに円盤内縁の温度は $k_{\rm B}T_{\rm in} = 0.77$ keV と、Sco X-1 のものより低く、両天体で円盤光度が大差ないことを考えると、これは $R_{\rm in}$ が Sco X-1 のものより大きいことを意

[*201] 磁場が強いと NS の磁極にガスが絞られ、そこで衝撃波加熱され、円盤より高温になる。

[*202] K. Mitsuda *et al.*, *Publ. Astron. Soc. Japan*, Vol.36, 741 (1984) および K. Mmakishima *et al.*, *Astrophysical Journal*, Vol.308, 635 (1986) より。

[*203] 1979 年に打上げられた初代衛星「はくちょう」で、Cyg X-1 に似た早い変動が検出された。

[*204] このとき NS の赤道付近が温められるため放射面積が狭まり、T は $T_{\rm in}$ より少し高くなる。

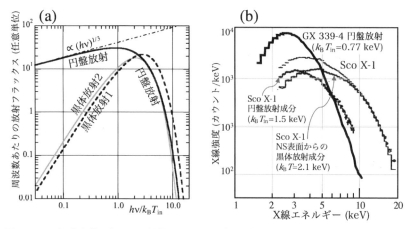

図 **6.35** (a) 標準降着円盤からの放射スペクトル（黒実線）を、同じ光度をもつ温度 $T = T_{in}$ の黒体放射（破線）と比べたもの。灰色線は $T = 0.75T_{in}$ の黒体放射スペクトルを縦方向に平行移動したもの。右上がりの一点鎖線は、$h\nu \ll k_B T$ での漸近線を示す。(b)「てんま」衛星で観測された、弱磁場 NS 天体 Sco X-1 と BH 連星 GX 339–4 の X 線スペクトル。(a) の理論モデルと形が違うのは、検出器の効率が除去されていないため。

味する。じっさい、距離の不定性はあるものの $R_{in} \sim 60\,\mathrm{km}$ であり[205]、しかもこの R_{in} は、円盤光度が変動しても一定に保たれていた。よって R_{in} **は物理的に意味のある半径として ISCO 半径だと考える**のが自然であり、すると式 (6.179) より $M \sim 7\,M_\odot$ となるから、質量の観点からも NS ではありえない。こうして GX 339–4 は、光学観測の助けなしにほぼ BH と認定された。

　以上の考察を一目でわかるよう工夫したものが図 6.36 で、横軸と縦軸に、観測された T_{in} と $\mathscr{L}_{disk}$ をとった両対数プロットである[206]。質量 M の BH で降着率が増加（ζ が増加）すると、式 (6.183) に従い、右上りの直線に沿ってデータ点が動いてゆく。よって T_{in} と $\mathscr{L}_{disk}$ という観測量を、M と ζ という物理量へ瞬時に変換できる。ここには 6 個の BH 天体の観測値がプロットされており、たとえば GX 339–4 では、$(9 - 12)M_\odot$ の BH に $\zeta \approx 0.15$ で降着が起きていると読める。この図から、(1) 6 天体すべて $M \gtrsim 3M_\odot$ であり、弱磁場 NS のパラメータ領域と重ならないこと、(2) ζ は一般に 1 を超えずエディントン限界が意義をもつこと、(3) 各天体の変動は M 一定の線に沿って起きていることから、R_{in} が一定に保たれ、ISCO

---

[205] 1980 年代、GX 339–4 の距離は 4 kpc とされていたが、その後に $\approx 9\,\mathrm{kpc}$ と改訂された。

[206] 長年の研究を通じて私が創出したいくつかの新しいグラフの中で、これは自信作の 1 つ。

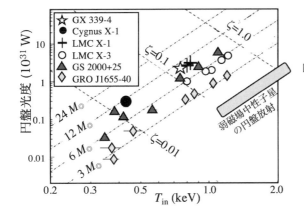

図 **6.36** 降着する BH の
円盤放射に関する、温
度-光度ダイアグラム。
右上りの直線群は BH
質量が一定の条件、左上
りの直線群は ζ が一定
の条件を表す。「てんま」
および「ぎんが」衛星で
観測された、6 つの BH
連星のデータが重ねてあ
る。

の概念が正しいこと、などの重要な結論が読み取れる。こうした国際的な努力の地
道な積み重ねにより、1980 年代から 1990 年代にかけて、質量降着する BH 連星
の存在は、ほぼ疑う余地なく確立されたといえる。

一息ついて式 (6.180) に戻ると、陽子 1 個が無限遠から BH の $3R_s$ まで落下す
るとき、$m_p c^2/6 = 156\,\text{MeV}$ が解放され、その半分が放射される。同様に半径
$R_{ns} = 11\,\text{km}$ で質量 $M_{ns} = 1.4\,M_\odot$ の NS の表面まで 1 個の陽子が落下すれば、
およそ $GM_{ns}m_p/R_{ns} \approx 180\,\text{MeV}$ が解放される♣[207]。ここに現れた百数十 MeV
というエネルギーを $k_B T_{ff}$ に等しいとみなした温度 T_{ff} を、「自由落下温度 (free-
fall temperature)」と呼び、それは $\sim 10^{12}\,\text{K}$ にも達する。ところが上の議論で見た
ように、降着する BH や NS から観測される放射の温度は、それより 5 桁も低い
$\sim 1\,\text{keV}$ ($\sim 10^7\,\text{K}$) の桁である。これは 1 個の陽子が（電子を介して）、$\sim 10^5$ 個も
の低エネルギー ($h\nu \ll k_B T_{ff}$) 光子を繰り返し放射し、冷やされつつ降着すること
を意味する。こちらの温度は「放射冷却の効いた温度 (radiatively cooled tempera-
ture)」と呼ばれることが多い。より一般には、放射冷却が効きにくい場合もある
ので、降着現象により発生する光子のエネルギー（放射の温度）は、放射冷却の効
いた温度と自由落下温度の中間に現れる。

巨大 BH：1 つの銀河に 1 個

これまで述べたのは、大質量星の進化の最期にできる、質量が 10 $M_\odot$ 程度の

＊207　NS では、残ったケプラー回転のエネルギーなどが、表面ですべて放射に変わると考える。

「恒星質量 BH (stellar-mass BH)」であった。しかし宇宙にはそれらとは別種の BH が存在する。1940 年代から、「セイファート銀河 (Seyfert galaxies)」[208]と呼ばれる種類の渦巻き銀河たちは、その中心に極めて強い放射を出す中心核（点状の領域）をもつことが知られていた。また 1960 年ごろになると、可視光では恒星のように点状に見えるが強い電波を放射する、「クエーサー (quasar)」と呼ばれる謎の天体が次々に見つかり、それらが $z \sim 0.2$ という大きな赤方偏移をもつ、遠方天体であることがわかった。やがてクエーサーの周囲にもかすかに銀河の姿が検出される例が増えた結果、セイファート銀河とクエーサーを総称し、「活動銀河核 (active galactic nucleus; AGN)」と呼ぶようになった。紆余曲折を経てこれら活動銀河核は、銀河の中心にある 10^6 $M_\odot$ から 10^{10} $M_\odot$ の「巨大質量 BH (super-massive BH)」に周囲からガスの降着が起きているものと理解されるようになった。さまざまな放射機構が組み合わさった結果、その放射スペクトルは電波から X 線・ガンマ線まで、広帯域にまたがることが多い。ただし BH 質量が大きく、式 (6.183) によれば恒星質量 BH の場合に比べ T_{in} が 1.5–2 桁も低いため、診断の鍵となる降着円盤からの放射は真空紫外線♡になり、太陽系を取り巻く星間ガスで強く光電吸収される結果（第 2 巻の図 5.18a）、観測が原理的に難しい。

　1980 年代の半ばになるとさまざまな観測により、一見すると活動的な中心核をもたない「通常銀河 (normal galaxies)」でさえも、その中心には高い確率で 1 個ずつ、巨大 BH が存在することが明らかになった。とくに決定打となったのは 1995 年、日米の電波天文学者が協力して挙げた成果である[209]。彼らは NGC 4258 と呼ばれる渦巻銀河の中心から出ている、波長 1.35 cm の水メーザー電波♡を超長基線の電波干渉計で観測した結果、中心核の位置にケプラー回転するガス円盤を検出し、円盤中心の半径 0.4 光年以内に、3.7×10^7 $M_\odot$ という巨大な質量が集中していることを発見したのである。これを巨大 BH 以外で説明することは、ほとんど不可能である[210]。ほぼ同時に「あすか」衛星により、この巨大 BH にガスがわずかに降着し、3.7×10^7 $M_\odot$ に対するエディントン光度の $\sim 10^{-5}$ の低光度で X 線を放射していることも発見された[211]。銀河系（天の川銀河）や、お隣のアンドロメ

[208]　アメリカの天文学者 Carl Keenan Seyfert (1911–1960) が分類したもの。

[209]　M. Miyoshi *et al.*, *Nature*, Vol.373, 127 (1995). この論文は、電波観測のもつ高い周波数分解能と超越した角度分解能を駆使した観測の報告であり、一読の価値がある。

[210]　太陽から最も近い星であるプロキシマ・センタウリ (Proxima Centauri) までの距離が 4.2 光年なので、観測値は、星の集まりで説明できる質量密度を 10 桁も超えている。

[211]　K. Makishima *et al.*, *Publ. Astron. Soc. Japan*, Vol.46, L.77 (1994).

ダ大星雲（M31 銀河）でも、その中心には活動性の弱い巨大 BH が存在する。

すでに p.140 で述べたように、$M \gtrsim 50\ M_\odot$ の大質量星は不安定で、星風により激しくガスを吹き出す結果、最終的にできる BH は、$\sim 20\ M_\odot$ を大きく超えないと考えられる。とすると巨大 BH は、どうやって形成されるのだろう。これは長年の謎であり、リースは 1980 年代に活動銀河核の総説[212] の中で、「リース・ダイアグラム」として知られる双六（すごろく）のような図を提示し[213]、星間ガス雲（振り出し）から巨大 BH（上がり）までの多様な道筋を論じた。その後の観測と理論の進展を踏まえると、個々の銀河の中心付近で宇宙年齢をかけて、エディントン限界を超えた質量降着により 1 個の恒星質量 BH が成長する過程と、多数の恒星質量 BH どうしが合体を繰り返し成長する過程、という 2 つが有力と考えられる。

いずれの成長過程を考えるにしても、1 つのパラドックスに遭遇する。式 (6.157) で物体が事象の地平面に近づくにつれ $d\tau \ll dt$ となるので、遠方から見ると落下物体の動きはどんどん遅くなる結果、それが BH 内部空間に入り込むまで無限大の時間を要する。そのため「実は BH は物質を飲み込んだり成長することはできない」と論じられることがある。ただしこれは、あくまで静的で球対称なシュヴァルツシルト時空を用いた議論である。降着は動的過程であり、また微小量であっても降着物質そのものが球対称性を破っているので、パラドックスの前提は厳密には成り立たないと考えられる。

重力波と BH 合体

量子力学がさまざまな実験で徹底的に検証されてきたことと対照的に、一般相対論の検証の機会はたいへん限られており、水星の近日点移動、日食のさい太陽に隠される星の位置の微小なずれ、BH の存在、ビッグバン宇宙論の成功、重力レンズの検出など、数えるほどである。最近では GPS (Global Positioning System) での位置計算に一般相対論が使われている[214] ものの、まだまだ検証の例は少なく、それを増やすことは重要である。この点でとくに重要なのが重力波 (gravitational wave) であり、それはアインシュタイン方程式の波動解として、空間の微小な伸び縮みが光速度で伝搬する現象である。電荷が加速度運動すれば電磁波が放射される

---

*212 M. Rees, *Annu. Rev. Astron. Astrophys*, Vol.22, 471 (1984). Web 版は https://ned.ipac.caltech.edu/level5/March01/Rees/Rees.html. Sir Martin Rees (1942-) はイギリスの著名な宇宙物理学者。

*213 「振り出しに戻る」や「1 回休み」ならぬ、「この先はアウト」という道筋も描かれている。

*214 GPS には人工衛星が使われ、その高度（地上 20200 km）では地上より重力が少し弱いため、重力赤方偏移が 4.4×10^{-10} ほど異なる♡。

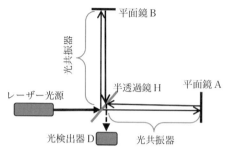

図 **6.37** レーザー干渉計型の重力波検出器の概念図。本文参照。半透過鏡 H は、レーザービームを二分するので、ビームスプリッター (beam splitter) とも呼ばれる。

のと同様、大質量の物体が急速な加速度運動をすると、重力波が放射されると期待される。

　重力波の検出の試みは半世紀を超えて続けられてきたが、その困難の原因は、予想される空間のひずみが、相対値にして 10^{-21} と極端に小さいことである。これは地球から見て太陽表面に置かれた水素原子の大きさを測定することに等しい。その挑戦を可能にする実験装置として、本章の冒頭で述べたマイケルソン干渉計を極限まで改良した、レーザー干渉計型が主流である。図 6.37 はその概念図で、45°傾けた半透過鏡 H に強いレーザー光を照射すると、透過光は平面鏡 A で、反射光は平面鏡 B で反射される。直交する 2 本の腕 HA と HB は、数キロメートルの長さをもち、それぞれ光共振器°を構成するので、光は 2 本の腕の中を何回も往復した後、最後に H で干渉する。重力波により、2 本の腕の長さに相対的な時間変化が起きると、干渉縞にわずかな変化が生じ、それが検出器 D で検出される[*215]。1990 年代からこのタイプの大型重力波検出器として、アメリカでは LIGO (Laser Interferometer Gravitational-Wave Observatory)、ヨーロッパでは Virgo の建造が始まった。日本では国立天文台と東京大学などが世界に先駆け建設した Tama300 を出発点に、岐阜県神岡で大型低温重力波望遠鏡 KAGRA（かぐら/神楽）が立ち上がりつつある。観測対象としてとくに期待されるのが、遠方の宇宙で BH や NS が合体するイベントであり、短時間で突発的な重力波の放射が期待される。

　2015 年 9 月 14 日、ついに LIGO により世界初の重力波イベント GW150914 が検出された（公表は 2016 年 2 月）。この重力波は 440 Mpc の遠方のどこかの銀河

---

*215　空間の伸び縮みと同期して光の波長も伸縮するから、重力波は検出できないのではという疑問が起きるが、光の挙動は空間と時間の両方に依存するので、このパラドックスは成り立たない。

で、質量 $M_1 \approx 36\ M_\odot$ と $M_2 \approx 30\ M_\odot$ の BH が合体し、$\approx 62\ M_\odot$ の BH が作られたさいに放出されたもので、できた BH の質量が $M_1 + M_2$ より 6% ほど小さいのは、この部分の質量エネルギーが重力波エネルギーに転換された結果である。図 6.38 の (a1) と (a2) は、米国のハンフォード（Hanford; ワシントン州）とリヴィングストン（Livingston; ルイジアナ州）に設置された 2 台の LIGO 検出器の実データ[*216]に、時間に依存したアインシュタイン方程式の数値解（細い曲線）を重ねたもので、みごとに合う。また (a3) のようにリヴィングストンの信号を、到来方向による時間差に対応して 7 ミリ秒だけ遅らせると、ハンフォードの信号と良く一致する。2 つの BH が共通重心の周りを回転しつつ、重力波の放射でエネルギーを失い、最後は急速に近づいて合体するため、信号の振動周期が次第に短くなっており、この波形から 2 つの BH の質量などが決定できる。演習としてニュートン力学の式 (6.175) に上記の M_1 と M_2 を代入し、a として両者の事象の地平面が接する距離を用い、期待される周期を概算すると、図の理解が進むだろう♣。この歴史的偉業の全容は書き切れないので、詳細は他の文献を参照されたい[*217]。

GW150914 の検出は、いくつもの重要な意味をもつ。1 つ目はいうまでもなく、「BH」と「重力波」という両面から、一般相対論の正しさを立証したことであり、アインシュタイン方程式を数値的に解く「数値相対論」が検証されたことも重要である[*218]。2 つ目に、相対変化 $\sim 10^{-22}$ を測るという驚異的な精密測定が成功したことは、人類の計測技術の金字塔である。3 つ目は波形の解析から、作られた BH が最大回転の約 2/3 のスピン（角運動量）をもつ、カー BH と判明したことである。これにより BH の質量に加え、角運動量の精密な測定が可能になった[*219]。4 つ目は想定外のもので、星の進化で $\gtrsim 20\ M_\odot$ の BH を作るのは難しいという通念に反し、合体に関わった 2 つの BH は、とても大きな質量をもっていたことである。

その後 LIGO の活躍により、また途中から Virgo も参加し、2020 年 3 月までに、数百 Mpc から数 Gpc の遠方宇宙で起きた重力波イベントが約 90 例も検出された。

[*216]　2 本の腕の長さの差の、相対的な変化を示す。

[*217]　重力波の初検出に至る過程を歴史と物理学の両面から描いた力作に、高橋真理子『重力波 発見！』（新潮社 新潮選書、2017）がある。8 ページの簡潔なまとめとして、山本博章「LIGO による重力波検出と一般相対性理論」『物理教育』第 64 巻第 2 号、2016; オンライン閲読可）もお薦めである。

[*218]　BH の合体は、2 つの BH が互いに相手を飲み込む過程であるから、「BH に物質が飲み込まれるのに無限の時間がかかる」というパラドックスが成り立たないことが確認できる。

[*219]　合体で生じた BH は、中程度のスピンをもつ場合が多いようである。

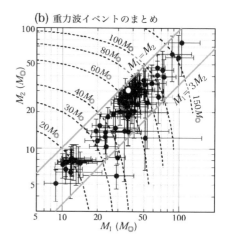

図 6.38 BH 合体で発生する重力波の観測結果。(a) GW150914 の信号波形（Ligo Science Collaboration; https://www.ligo.org/detections/GW150914.php より）。詳細は本文参照。(b) 2020 年 3 月までに LIGO と LIGO+Virgo で検出された、BH 合体に伴う重力波イベントのまとめで、白抜きは GW150914。Gravitational Wave Open Science Center (https://www.gw-openscience.org) より。

数例の NS と NS の合体や NS と BH の合体を除くと、すべて一対の BH の合体である。図 6.38(b) はそれらについて、重い方の BH 質量 M_1 と軽い方の質量 M_2 を散布図にしたものである。ほとんどのイベントで $1/3 < M_2/M_1 < 1$ が成り立つほか、$(M_1, M_2) \sim (15\ M_\odot, 7\ M_\odot)$ と $(M_1, M_2) \sim (40\ M_\odot, 25\ M_\odot)$ という、2 グループがあるように見える。Cyg X-1 が $\sim 15\ M_\odot$、X 線で検出された約 30 例の BH の多くが $\sim 7\ M_\odot$ なので、前者は予想通りだが、GW150914 に代表される後者のグループは、質量が大きいほど検出しやすいという選択効果を考えても、予想外の驚きであり、合体後に $100\ M_\odot$ を超える例も稀ではない。その意味するところはまだ不明だが、**BII** の合体成長で巨大 **BH** の形成が説明できる可能性が高まったといえる。近傍の渦巻き銀河の腕には、$\sim 100\ M_\odot$ のエディントン限界に達する大光度で輝く多数の X 線天体[220]が知られており、それは合体で生じた「中質量 BH」が星間ガスの濃い部分に突入し、降着が起きている結果かもしれない。

　日本の KAGRA も 2020 年初めには急速な感度向上を達成し、まもなく LIGO-

＊220　ULX (Ultra-Luminous X-ray Object) と呼ばれ、K. Makishima *et al.*, *Astrophysical Journal*, Vol.535, 632 (2000) でそれらを中質量 BH として解釈した。ただし中には超エディントン光度で輝く NS も混じっており、同様に $\sim 10\ M_\odot$ の BH が超エディントン放射している場合もありうる。

Virgo-KAGRA のコラボレーションが始まると期待される。今後の重力波観測から何が導かれるか、たいへん楽しみである。

巨大 BH の直接撮像：Event Horizon 望遠鏡 (EHT)

重力波の検出と並び大きなインパクトをもつ観測結果が、電波による巨大 BH の直接撮像である。日本を含む 10 以上の国の多数の電波天文学者は、全世界の複数の電波望遠鏡を結びつけ、Event Horizon 望遠鏡 (EHT) と呼ばれる巨大な宇宙電波干渉計（たとえば第 2 巻の図 5.16b）を構成し、その圧倒的な解像度を用いて巨大 BH の直接撮像に挑戦している。EHT による最初の成果は 2019 年 4 月、M87 銀河（「おとめ座銀河団」の中心銀河）の中心核を画像分解したもので、明るいリングの中心に半径 $\theta \approx 2.0 \times 10^{-5}$ 秒角 $= 0.97 \times 10^{-10}$ ラジアン の暗い穴が開いている[*221]。これは BH 周りで光が曲げられる（図 6.29）結果、半径 $2.5R_{\rm s}$ 付近では光（電波光子）が BH を周回するように伝わるので明るく見え、その内側では光子が BH に落ち込み暗くなるためと解釈される。M87 の距離は $D = 16.8$ Mpc $= 5.2 \times 10^{23}$ m なので、暗い穴の実半径は $r = D\theta = 5.0 \times 10^{10}$ km である。これを $2.5R_{\rm s} = 7.4(M/M_\odot)$ km に等しいとおくと、BH 質量として $M = 6.8 \times 10^9\ M_\odot$ が導かれる。

その後 EHT コラボレーションは 2022 年、天の川銀河の中心核（「いて座 A∗」と呼ばれる）の撮像結果も公表した。明るいリングと中央の暗い穴の様子は、M87 の場合と良く似る。星の運動学から、そこには質量 $M = (3.6 - 4.3) \times 10^6\ M_\odot$ の巨大 BH がいること知られており、EHT の結果はそれと矛盾しない。

[*221] EHT メンバーの田崎文得が、数研出版 (株) のため執筆した短い解説記事 https://www.chart.co.jp/subject/rika/scnet/65/Snet65-column.pdf がわかりやすい。

おわりに

　第1・2巻に引き続いて、今回の執筆でも、東京大学出版会の丹内利香氏に、たいへんお世話になった。ここに改めて厚くお礼を申し上げたい。理化学研究所・仁科加速器科学研究センターの櫻井博儀・RI物理研究部長には、サイクロトロンについて、ご教示いただいた。今回も内容の査読は、東京大学理学系研究科・物理学専攻の大学院生である、瀧寺陽太（安東研究室）と新井翔大（馬場研究室）の両氏にお願いした。改めて感謝したい。

　さて、積み残してしまった分野やテーマの中から、もし機会があって1つ選ぶとしたら、おそらく私はプラズマ物理学を選ぶだろう。なぜなら通常の流体力学で扱われる中性気体と違って、荷電粒子の集団であるプラズマは、電磁場から強い影響を受けるとともに、自ら電磁場を生成できるため、荷電粒子群と電磁場との間に、長距離の相互作用（とくに自己相互作用）が発生するからである。その結果、粒子加速に代表される自発的なエネルギーの非等分配が起き、ブラックホールから噴出するジェットなど、部分と全体の結合を通じた構造の形成が進行する。これらの多彩な現象は、背後にある重力の働きとあいまって（第1巻§3.4）、宇宙の随所で重要な役割を演じており、宇宙や天体を、つねに熱平衡とは隔たった状態に持ち上げているのである。そうした観点を宇宙物理学の中にしっかり位置づけることは、今後の重要な課題であり、機会があれば挑戦したいと考えている。

　著名なランダウ・リフシッツの『理論物理学教程』では、最終巻である第10巻が「物理的運動学」(Physical Kinetics) という題名になっている（出版はランダウが交通事故の後遺症で1968年に亡くなった後だった）。私は若いときにこの題名を見て、その意味が理解できず、中身をパラパラと見てようやく、気体分子運動論からプラズマ物理学につながる教程で、非平衡状態や、そこから平衡状態への緩和過程を視野に含めており、ランダウ減衰などが登場することが、おぼろげに理解できた。つまり粒子系が熱平衡にあれば、それらの速度分布関数は（シフトつき）ガウス関数になるから、粒子のバルクな平均速度と、その周りの速度分散（温度に対応）だけ与えると、速度分布関数は定まってしまう。ところが熱平衡にない系を考えるとなると、速度分布関数の形やその時間変化、また位置依存性などを、あらわに扱う必要があり、それが「運動学」の意味だったのである。同じ物理学を扱っていても、月とスッポンの後者である拙著を、ランダウ・リフシッツになぞらえるな

どの不遜な意図は毛頭ないし、その後「物理的運動学」を読んでいないので、コメントする資格もない気はするが、なぜこのテーマが「理論物理学教程」の最終巻に当てられたのか、その理由はなかなか意味深長な気がする。改めて腰を据え、読んでみようと思っている。

索　引

　電子検索の便利さに少しでも近づけるべく，索引は詳しく作成した．さらに，たとえば「ベクトルポテンシャル」「スカラーポテンシャル」「熱力学的ポテンシャル」「化学ポテンシャル」などは，いずれも「ポテンシャル」の項目の下におくなど，関連の深い項目はなるべく接近して配置されるよう留意した．単に検索目的だけでなく，この目次を眺め，本書にどんな話題が登場し，それらが本書の異なる場面でどのように現れているか，つながりを追って見るのも面白いだろう．

著者略歴

牧島一夫（まきしま・かずお）

1949 年、東京都生まれ。1974 年、東京大学理学部卒業。宇宙科学研究所助手、東京大学理学部助教授、同大学大学院理学系研究科教授、同大学ビッグバン宇宙国際研究センター長（併任）、理化学研究所主任研究員（兼務）、同研究所グループディレクターなどを歴任。現在は、東京大学名誉教授、および同大学カブリ数物連携宇宙研究機構客員上級科学研究員。理学博士。

2015 年 6 月、第 105 回日本学士院賞を受賞、2022 年 4 月、瑞宝中綬章を受章。

目からウロコの物理学3　相対論

2024 年 4 月 18 日　初　版

［検印廃止］

著　者　牧島一夫
発行所　一般財団法人 東京大学出版会
　　　　代表者 吉見俊哉
　　　　153-0041 東京都目黒区駒場 4-5-29
　　　　電話 03-6407-1069　Fax 03-6407-1991
　　　　振替 00160-6-59964
　　　　URL https://www.utp.or.jp/
印刷所　大日本法令印刷株式会社
製本所　牧製本印刷株式会社

ⓒ2024 Kazuo Makishima
ISBN 978-4-13-062626-2 Printed in Japan

牧島一夫
目からウロコの物理学　1
A5 判/400 頁/3,800 円
力学・電磁気学・熱力学

牧島　夫
目からウロコの物理学　2
A5 判/232 頁/3,400 円
フーリエ解析・量子力学

太田浩一
電磁気学の基礎 I, II
A5 判/平均 360 頁/各 3,500 円

マイケル・D. フェイヤー／谷　俊朗 訳
量子力学
A5 判/448 頁/5,200 円
物質科学に向けて

須藤　靖
解析力学・量子論　第 2 版
A5 判/320 頁/2,800 円

上村　洸
戦後物理をたどる
四六判/274 頁/3,400 円
半導体黄金時代から光科学・量子情報社会へ

酒井邦嘉
高校数学でわかるアインシュタイン
四六判/240 頁/2,400 円
科学という考え方

ここに表示された価格は本体価格です．御購入の
際には消費税が加算されますので御了承下さい．